D1670209

56. 5,2. 58

# QUID
## Mengenkennzeichnung von Zutaten

Herausgeber:

## D. Radermacher / R. Wettig

V 15 QUI    76,18 €

Technische Fachhochschule Berlin    149,-
Bibliothek F
Kurfürstenstrasse 141
10785 Berlin
Telefon: 4504-4120

Berliner Hochschule für Technik    99 ; 134
Campusbibliothek
– ausgesondert –

# BEHR'S...VERLAG

Die Deutsche Bibliothek – CIP-Einheitsaufnahme


**QUID: Mengenkennzeichnung von Zutaten** / Hrsg.: D. Radermacher /
R. Wettig –
1. Aufl. – Hamburg: Behr, 1999

ISBN 3-86022-549-9

© **B. Behr's Verlag GmbH & Co.** · **Averhoffstraße 10** · **D-22085 Hamburg**
e-mail: behrs@behrs.de · homepage: http://www.behrs.de
1. Auflage 1999


Satz und Druck: Kessler Verlagsdruckerei, 86399 Bobingen

Alle Rechte – auch der auszugsweisen Wiedergabe – vorbehalten. Herausgeber
und Verlag haben das Werk mit Sorgfalt zusammengestellt. Für etwaige sachliche
und drucktechnische Fehler kann jedoch keine Haftung übernommen werden.

Geschützte Warennamen (Warenzeichen) werden nicht besonders kenntlich gemacht. Aus dem Fehlen eines solchen Hinweises kann nicht geschlossen werden,
daß es sich um einen freien Warennamen handelt.

# Vorwort

Die Pflicht zur mengenmäßigen Kennzeichnung bestimmter wertbestimmender oder sonst bedeutsamer Zutaten (QUID - Quantitative Ingredient Declaration) entspricht dem Bestreben, den ungehinderten Warenverkehr mit Lebensmitteln in der Europäischen Union zu erleichtern. Die europäischen Verbraucher sollen durch Information über die - wesentliche - Zusammensetzung der Produkte die Möglichkeit zum irrtumsfreien Erwerb aller in der Europäischen Union in Verkehr gebrachten Lebensmittel erhalten.

Diese im Prinzip einleuchtende Idee hat zu einer gesetzlichen Regelung geführt, die eine Vielzahl von Fragen und Interpretationsmöglichkeiten aufwirft und bereits vor ihrer Umsetzung in nationales Recht die Europäische Kommission zur Erarbeitung „Allgemeiner Leitlinien für die Umsetzung des Grundsatzes der mengenmäßigen Angaben der Lebensmittelzutaten" und zu einer Ergänzungsrichtlinie veranlasst hat. Wirft schon der Gesetzestext aufgrund einer Vielzahl unbestimmter Rechtsbegriffe mehr Fragen auf, als er dem Rechtsuchenden Antworten gibt, so gilt dies erst recht für die „Allgemeinen Leitlinien", die eine teilweise nicht nachvollziehbare Interpretation des Gesetzestextes darstellen.

Die Fragwürdigkeit der neuen Kennzeichnungsregeln zeigt sich in einer feinsinnigen Formulierung der amtlichen Begründung zur Neufassung der Lebensmittelkennzeichnungsverordnung, wenn dort von einem „gesteigerten Informationsbedürfnis der Verbraucher über die Zusammensetzung der Lebensmittel" gesprochen wird: Das Informationsbedürfnis ist also nicht gestiegen, sondern durch bürokratischen Regelungseifer gesteigert worden.

Das vorliegende Handbuch erläutert die einzelnen Bestimmungen zur Mengenkennzeichnung von Zutaten und gibt Deklarationsvorschläge, die zum Teil Ergebnis ausführlicher Erörterung innerhalb der beteiligten Branchen sind.


Bonn, im Juli 1999


Die Herausgeber

# Herausgeber

**Dirk Radermacher,** Rechtsanwalt bei dem Oberlandesgericht Köln; seit 1986 Mitglied der Geschäftsführung in mehreren Verbänden der Ernährungsindustrie; Mitglied der European Food Law Association (EFLA)

**Rainer Wettig,** Rechtsanwalt, Bonn/Rhein; von 1970-1998 Geschäftsführer des Verbandes der Deutschen Backmittel- und Backgrundstoffhersteller e.v. in Bonn und Vorstandsmitglied des EG-Verbandes FEDIMA in Brüssel

# Autoren

**Gertrud Granel,** Lebensmittelchemikerin, stellvertr. Geschäftsführerin, Bundesverband der Deutschen Teigwarenindustrie e.V., Getreidenährmittelverband e.V., Fachverband der Stärke-Industrie e.V., Bonn

**Peter Hahn,** Rechtsanwalt, Hauptgeschäftsführer Deutscher Brauer-Bund e.V.

**Dr. Gotthard Hilse,** Hauptgeschäftsführer des Bundesverbandes der Deutschen Fleischwarenindustrie e.V., Bonn

**Werner Koch,** Rechtsanwalt, Geschäftsführer im Bundesverband der obst-, gemüse- und kartoffelverarbeitenden Industrie e.V., Bonn; Geschäftsführer im Verband der deutschen Sauerkonserven-Industrie e.V., Bonn

**Petra Unland,** Lebensmittelchemikerin, Leiterin der Abteilung Lebensmittelrecht Tiefkühlkost, Eiscreme und Fische, Dr. A. Oetker Nahrungsmittel KG, Bielefeld

**Gernot Werner,** Rechtsanwalt, Geschäftsführer im Milchindustrie-Verband e.V., Bonn; Geschäftsführer des Bundesverbandes der Privaten Milchwirtschaft e.V. und des Verbandes der Privaten Milchwirtschaft Nordwestdeutschland e.V., Bonn

# Inhaltsverzeichnis

# 1 Allgemeiner Teil

D. RADERMACHER/R.WETTIG

## 1.1 Die gesetzliche Regelung

### 1.1.1. Das Prinzip der angemessenen Information

Die geschmackliche Vielfalt der Länder und Regionen Europas lässt sich nicht gesetzlich regeln. Diese Erkenntnis veranlasste die Europäische Kommission in den 80er Jahren zu einer neuen Politik der Lebensmittelgesetzgebung. Nicht vertikale (produktbezogene) Regelungen, sondern nur noch allgemeine, produktübergreifende (horizontale) Gesetze sollten zur Sicherstellung des freien Warenverkehrs erlassen werden. Der Verbraucher in der Gemeinschaft soll die freie - und das heißt auch: die irrtumsfreie - Wahl unter allen angebotenen Lebens- und Genussmitteln haben. Irrtumsfreiheit aber setzt ausreichende und angemessene Information voraus. Die Absicht, diese Information zu gewährleisten, bestimmt daher die lebensmittelkennzeichnungsrechtlichen Vorschriften in der Europäischen Union.

### 1.1.2 Die Umsetzung des Informationsprinzips

#### 1.1.2.1 Änderung der Kennzeichnungsrichtlinie

Mit dem Erlass der Richtlinie 97/4/EG (s. Anhang 3.1) wurde die Lebensmittelkennzeichnungsrichtlinie 79/112/EWG entscheidend geändert: Einerseits ist die Verwendung der Verkehrsbezeichnung, unter der das Erzeugnis im Herstellungsmitgliedstaat rechtmäßig hergestellt und vermarktet wird, auch im Vermarktungsmitgliedstaat zulässig und nur untersagt, wenn der Verbraucher im Vermarktungsmitgliedstaat selbst dann nicht ausreichend informiert wird, wenn er das Zutatenverzeichnis zu Rate zieht. Andererseits zwingt der neue Artikel 7 der Richtlinie 97/4/EG zur Mengenkennzeichnung bestimmter namengebender, wertbestimmender oder hervorgehobener Zutaten.

In Zukunft muss bei bestimmten charaktergebenden Zutaten gemäß dem neuen § 8 LMKV (= Art. 7 Richtlinie 97/4/EG) eine quantitative Zutatenkennzeichnung vorgenommen werden. Sie sieht vor, dass bei bestimmten Zutaten die Menge in Gewichtsprozenten anzugeben ist. Diese quantitative Zutatenkennzeichnung wird abgekürzt als „QUID" bezeichnet. Die Abkürzung geht auf die englische Bezeichnung „QUantitative Ingredient Declaration" zurück. Im folgenden wird diese Abkürzung verwendet.

1

## 1.1.2.2 Zweifelsfälle

Das Wechselspiel zwischen Liberalisierung der Vorschriften zur Verkehrsbezeichnung und zusätzlichen Anforderungen bei der Zutatenkennzeichnung erfasst nicht alle Zweifelsfälle. So darf aufgrund des Urteils des Europäischen Gerichtshofs vom 26. Oktober 1995 (ZLR 95, 658) ein in Frankreich mit pflanzlichen Fetten rechtmäßig hergestelltes und unter der Verkehrsbezeichnung „Sauce Bearnaise" in Verkehr gebrachtes Erzeugnis diese Verkehrsbezeichnung auch in der Bundesrepublik Deutschland tragen, obwohl nach Auffassung deutscher Überwachungsbehörden und Gerichte der Verbraucher in Deutschland dieser Verkehrsbezeichnung eine Herstellung des Produktes unter Verwendung von Butter und Eigelb zuordnet. Die Mengenkennzeichnung der Zutaten, sei es in bezug auf Butter oder pflanzliches Fett, kann dieses Verständnisproblem aber nicht lösen, denn nicht die Menge der jeweils genannten Zutat, sondern die Tatsache ihrer Verwendung anstelle der jeweils anderen macht den Unterschied aus.

Auch in anderen Fällen wird das erklärte Ziel, sowohl die bessere Unterrichtung des Verbrauchers als auch die Lauterkeit des Handels sicherzustellen (vgl. Erwägungsgründe der Richtlinie 97/4/EG), nicht erreicht. So macht gerade bei aus vielen Zutaten komponierten Produkten wie Suppen und Feinkostsoßen und -salaten die fein abgestimmte Zusammensetzung den Geschmack des Produktes aus und ist für seine Wertschätzung maßgeblich, die schlichte Angabe der Menge einer bestimmten Zutat hat demgegenüber keinerlei Informationswert. Gilt dies schon für Produkte wie „Tomatensuppe", so kann es erst recht angenommen werden für Produkte, die aufgrund ihrer aus Phantasiebezeichnung und ergänzenden Hinweisen bestehenden Verkehrsbezeichnung nicht das Privileg des Art. 7 Abs. 3 a, 4. Spiegelstrich der Richtlinie 97/4/EG (= § 8 Abs. 2 Nr. 1 d LMKV n.F., Anhang 3.4) genießen und bei denen QUID willkürlich erfolgen müsste (z.B. „Barbecue-Soße mit typischen Gewürzen nach Westernart").

## 1.1.2.3 Beschränkung auf vorverpackte Lebensmittel für Verbraucher

Der deutsche Gesetzgeber hat die QUID-Regelung in die Lebensmittelkennzeichnungsverordnung übernommen und gleichzeitig die in einer Vielzahl lebensmittelrechtlicher Verordnungen enthaltenen Vorschriften zur Mengenkennzeichnung entweder ersatzlos gestrichen oder durch einen Hinweis auf § 8 LMKV n.F. ersetzt (so in der Fleisch-, Hackfleisch-, Milcherzeugnis-, Käse- und Fruchtsaft-Verordnung sowie der Verordnung über vitaminisierte Lebensmittel, vgl. Entwurf der Siebten Verordnung zur Änderung der Lebensmittelkennzeichnungsverordnung, Anhang 3.4). Er hat damit von der durch Art. 12 der Richtlinie 79/112/EWG eingeräumten Möglichkeit Gebrauch gemacht, die Etikettierungsregelungen auf vorverpackte Lebensmittel zu beschränken (vgl. Anmerkung 3 der Allgemeinen Leitlinien, Anhang 3.3). Für Lebensmittel in Fertigpackungen, die in der Verkaufsstätte zur alsbaldigen Abgabe an den Verbraucher hergestellt und dort, jedoch nicht zur Selbstbedienung, abgegeben werden, gilt die Verpflichtung zu QUID deshalb nicht. Auch findet die Regelung keine Anwendung auf Lebensmittel, die an Weiterverarbeiter geliefert werden. Dagegen greift sie - außer bei Mono-Produkten - auch dann ein, wenn aufgrund anderer Vorschriften ein Zutatenverzeichnis entbehrlich ist (§ 3 Abs. 2 LMKV, z.B. bei figürlichen Zuckerwaren). Dort ist QUID in Verbindung mit der Verkehrsbezeichnung erforderlich.

Schließlich findet QUID keine Anwendung auf Werbung in Print- und elektronischen Medien.

### 1.1.2.4 Ort der Kennzeichnung

QUID hat in der Verkehrsbezeichnung, in ihrer unmittelbaren Nähe oder im Zutatenverzeichnis zu erfolgen, § 8 Abs. 4 Satz 2 LMKV n.F..

Ist das Zutatenverzeichnis zwar nicht entbehrlich, aber zulässigerweise nur in Geschäftspapieren aufgeführt (§ 3 Abs. 4 Nr. 2 b LMKV), so bleibt die Wahlfreiheit erhalten. QUID kann entweder in Verbindung mit der Verkehrsbezeichnung oder im Zutatenverzeichnis - und damit nur in den Geschäftspapieren - erfolgen.

### 1.1.3 Inkrafttreten

Das Inverkehrbringen von Lebensmitteln, die der durch Richtlinie 97/4/EG neugefassten Richtlinie 79/112/EWG entsprechen, ist hiernach bereits seit dem 14. August 1998 zulässig. Lebensmittel, deren Etikettierung den Bestimmungen dieser Richtlinie nicht entsprechen, dürfen - nach den Vorgaben der Richtlinie - ab dem 14. Februar 2000 nicht mehr in Verkehr gebracht werden. Allerdings sind die vor diesem Datum gekennzeichneten Lebensmittel bis zum Abbau der Lagerbestände frei verkehrsfähig. Diese zweite Frist ist für Lebensmittelhersteller nur bindend, wenn die - an den nationalen Gesetzgeber gerichtete - Richtlinie bis zu diesem Zeitpunkt in nationales Recht umgesetzt ist. Der Umsetzungsakt, die Verordnung zur Änderung der Lebensmittelkennzeichnungsverordnung und anderer lebensmittelrechtlicher Verordnungen (BR-Drucks. 375/99 vom 17.6.1999), liegt bislang nur im Entwurf vor und nennt als Umstellungstermin den 31. Dezember 2000. Diese Frist gilt indessen, wenn der Entwurf in der vorliegenden Fassung in Kraft tritt, nur für national distribuierende Unternehmen. Wer verpackte Lebensmittel im Binnenmarkt handelt, hat sich an den jeweils im Einfuhrstaat geltenden Vorschriften zu orientieren. Für diese Fälle sollte deshalb die in der Richtlinie 97/4/EG genannte Frist (14. Februar 2000) beachtet werden.

## 1.2 Die Gesetzesinterpretation

### 1.2.1 Die Allgemeinen Leitlinien der Europäischen Kommission

Die „Allgemeinen Leitlinien für die Umsetzung des Grundsatzes der mengenmäßigen Angabe der Lebensmittelzutaten" (Anhang 3.3) sind Ausdruck der vielfältigen Auslegungsprobleme, die sich aus der QUID-Regelung ergeben. Sie sollen ausschließlich der Erläuterung dienen und dürfen nicht als offizielle Auslegung der Rechtsvorschriften angesehen werden (vgl. Anmerkung 2, 3 der Allgemeinen Leitlinien. Die Amtliche Begründung zu § 8 LMKV (neu) bezeichnet die „Allgemeinen Leitlinien" ausdrücklich als „nicht rechtsverbindlich". Die Vorbemerkungen der Kommission geben einen Hinweis auf die Bedeutung der Leitlinien für die Rechtspraxis: Im Gegensatz zu den Leitsätzen des Deutschen Lebensmittelbuches, die als Sachverständigengutachten von besonderem Rang gelten (Vorwort des Vorsitzenden der Lebensmittelbuch-Kommission zu den Leitsätzen 1994), haben die Allgemeinen Leitlinien diese Qualifikation nicht; sie sind lediglich als erste Orientierungshilfe zu verstehen, die im Verhandlungsweg zwischen Regierungsvertretern der 16 Mitgliedstaaten verabschiedet wurde. So fand z. B. der Hinweis auf die Mengenkennzeichnung der Zutat in einer zusammengesetzten Zutat (Allgemeine Leitlinien Anm. 5 a.E.) Eingang in die Allgemeinen Leitlinien.

Dieser Hinweis findet weder im Gesetzeswortlaut eine Stütze, noch dürfte eine so detaillierte Angabe für den Verbraucher von Bedeutung sein. Außerdem bleibt unklar, ob der Prozent-Anteil der Zutat einer zusammengesetzten Zutat auf die zusammengesetzte Zutat oder auf das Endprodukt zu beziehen ist. Da nach Art. 6 Abs. 4 b der Richtlinie 79/112/EWG die Zutat einer zusammengesetzten Zutat als Zutat des Lebensmittels anzusehen ist, dürfte die Forderung sich auf die quantitative Angabe der Zutat der zusammengesetzten Zutat in bezug auf das Endprodukt beziehen. Wenn der Anteil der zusammengesetzten Zutat in zulässiger Weise prozentual in Verbindung mit der Verkehrsbezeichnung angegeben wird, der namengebende Anteil der zusammengesetzten Zutat - im Beispielsfall der Allgemeinen Leitlinien der Eianteil in der Eiercremefüllung - dagegen im Zutatenverzeichnis im Rahmen der Aufzählung aller Zutaten der zusammengesetzten Zutat, so werden die Anforderungen deutlich, die eine so weitgehende Forderung an die Rechenkünste des Verbrauchers stellt. Zugleich wird klar, dass QUID in den meisten dieser Fälle sinnlos sein dürfte.

Es bleibt abzuwarten, ob die Leitlinien aufgrund ihrer Verabschiedung auf EU-Ebene eine quasi-verbindliche Wirkung entfalten werden (so wohl LOOSEN, QUID - Mengenkennzeichnung von Zutaten, ZLR 98 S. 627, 628).

Die Leitlinien können nur Orientierungshilfe sein. Entscheidend für die Frage, welche Zutat oder Zutatenklasse eines zusammengesetzten Lebensmittels der Mengenkennzeichnung unterfällt, muss stets sein, ob die Menge dieser Zutat oder Zutatenklasse für die Kaufentscheidung des Verbrauchers und die Wahl zwischen vergleichbaren Lebensmitteln von Bedeutung sein kann (so auch LOOSEN, a.a.O. S. 629). Dies dürfte auch davon abhängen, in welcher Form die Leitlinien veröffentlicht werden und ist insbesondere für die Lebensmittelhersteller bedeutsam, die ihre Produkte grenzüberschreitend im Binnenmarkt vertreiben: Werden die Leitlinien in anderen Mitgliedstaaten als praktisch verbindlich angesehen, so bleibt exportierenden Unternehmen unter wirtschaftlichen Gesichtspunkten kaum die Möglichkeit zu einer abweichenden Interpretation.

## 1.2.2  Gesetzesinterpretation durch „altes" Recht

Bereits nach bisherigem Recht ist eine hervorgehobene Zutat mengenmäßig zu kennzeichnen, wenn sie für die Merkmale des Lebensmittels wichtig ist, d.h. für Nähr- und Genusswert sowie Brauchbarkeit, Aussehen, Konsistenz und Geruch (vgl. ZIPFEL/ RATHKE, Lebensmittelrecht, C 4 § 8, Rdn. 6). Ebenso wie nach neuem Recht hat die Angabe in Gewichtshundertteilen zu erfolgen. Auch ist dem Wortlaut des geltenden § 8 Abs. 1 LMKV nicht unmittelbar zu entnehmen, dass die besondere Hervorhebung einen quantitativen Bezug haben muss. Indessen ist anerkannt, dass die Verpflichtung zur Angabe der Mindest- oder Höchstmenge voraussetzt, dass dieser quantitative Bezug vorliegt (vgl. ZIPFEL/RATHKE, a.a.O. Rdn. 11). Schlichte Hinweise auf die Verwendung bestimmter Zutaten oder deren Qualität oder Konsistenz führen bislang nicht zur Verpflichtung, deren Menge anzugeben, da diese Angabe für den Verbraucher keine zusätzliche Information bringt (vgl. ZIPFEL/RATHKE, a.a.O). An dieser Einschätzung ändert die zukünftige Regelung nichts. Es ist aber eine Verschärfung der Bestimmung zu beachten. Während bisher nur „besondere Hervorhebungen" (vgl. ZIPFEL/RATHKE, Lebensmittelrecht C 4, § 8, Rdn. 9; HORST, Verbraucherinformationen bei verpackten Lebensmitteln, S. 151 ff.) die Verpflichtung zur Mengenkennzeichnung bewirken konnten, gilt dies in Zukunft bereits für jede Hervorhebung. Dies kann aber vom Gesetzeszweck her nicht für Hinweise auf geschmackliche Abrundung („mit Sahne verfeinert") gelten, so dass zumindest im Fall des Art. 7 Abs. 2 b Richtlinie 97/4/EG (= § 8 Abs. 1 Nr. 3 LMKV n.F.) auch in Zukunft auf den quantitativen Bezug abzustellen sein wird. Die in den Allgemeinen Leitlinien mit der Hervorhebung „insbesondere" wiedergegebenen Anwendungsbeispiele (Leitlinien Anm. 7) sind deshalb zur Prüfung, ob eine Mengenkennzeichnung bestimmter Zutaten zu erfolgen hat, nicht geeignet, soweit sich hieraus kein quantitativer Bezug ergibt. So wird bei selektiv herausgehobener Darstellung einer oder mehrerer Zutaten (vgl. Leitlinien Anm. 7 ii) die Mengenkennzeichnung vorzunehmen sein, nicht dagegen bei Hinweisen auf bestimmte Zubereitungen (so aber Leitlinien Anm. 7 i) oder Ursprungshinweisen (so aber Leitlinien Anm. 7 iii).

Mit Inkrafttreten der neuen Regelung aufgehobene Vorschriften wie § 9 LMKV und § 3 FleischV können zur Ermittlung der zur angemessenen Information des Verbrauchers erforderlichen Angaben nur eingeschränkt herangezogen werden. Der Anteil an den in § 9 Abs. 1 LMKV und § 3 Abs. 2 FleischV genannten Anteilen gilt regelmäßig als wertbestimmend, wenn er nicht lediglich der Garnierung dient (vgl. ZIPFEL/RATHKE a.a.O, § 9 Rdn. 17, 22). Demgegenüber entfällt die Verpflichtung zur Mengenkennzeichnung nach neuem Recht schon dann, wenn die Zutat in kleiner Menge zur Geschmacksgebung - aber nicht notwendig „ausschließlich" zur Geschmacksgebung - eingesetzt wird oder ihre Menge für die Wahl des Verbrauchers nicht ausschlaggebend ist (§ 8 Abs. 2 Nr. 1c) und d) LMKV n.F.). Kleine Mengen zur Geschmacksgebung können aber durchaus größer sein als lediglich der Garnierung dienende Mengen. Auch zeigt das Kaviar-Beispiel bei ZIPFEL/RATHKE (a.a.O. Rdn. 22), dass es zur Beurteilung der Frage, ob eine kleine Menge zur Geschmacksgebung vorliegt, nicht auf den Wert der jeweiligen Zutat ankommt (s. hierzu auch Kap. 1.2.3.3).

## 1.2.3 Die Bedeutung des Regel-Ausnahme-Prinzips

Von der generellen Verpflichtung, in der Verkehrsbezeichnung des Lebensmittels angegebene Zutaten oder Klassen von Zutaten mengenmäßig zu kennzeichnen, macht § 8 Abs. 2 LMKV n.F. vier Ausnahmen.

### 1.2.3.1 Abtropfgewicht

Die QUID-Verpflichtung gilt nicht für eine Zutat oder Gattung von Zutaten, deren Abtropfgewicht nach § 11 der Fertigpackungsverordnung (FPV) angegeben ist. Gemäß

§ 11 Abs. 1 FPV ist bei festen Lebensmitteln, die in einer Aufgussflüssigkeit abgegeben werden, auf der Fertigpackung neben der Gesamtfüllmenge auch das Abtropfgewicht des Lebensmittels anzugeben. Als Aufgussflüssigkeit gemäß § 11 Abs. 1 Satz 2 FPV gelten folgende Erzeugnisse - einschließlich ihrer Mischungen -, auch gefroren und tiefgefroren, sofern sie gegenüber den wesentlichen Bestandteilen der betreffenden Zubereitung nur eine untergeordnete Rolle spielen und folglich für den Kauf nicht ausschlaggebend sind: Wasser, wässrige Salzlösungen, Salzlake, Genusssäure in wässriger Lösung, Essig, wässrige Zuckerlösungen, wässrige Lösungen von anderen Süßungsstoffen oder -mitteln, Frucht- oder Gemüsesäfte bei Obst und Gemüse.

Der Grund für diese Regelung ist klar: Aus der Angabe von Füllmenge und Abtropfgewicht lässt sich der prozentuale Anteil des eingewogenen Lebensmittels leicht errechnen (vgl. Allgemeine Leitlinien Anm. 13). Da die QUID-Regelungen nur Zutaten und Zutatengattungen betreffen, gilt die Freistellung für Obst- und Gemüsekonserven, unabhängig davon, ob sie einzelne Obst- oder Gemüsearten enthalten oder Mischungen dieser Lebensmittel (LOOSEN a.a.O., S. 637).

Bezieht sich dagegen das Abtropfgewicht auf mehr als eine Zutat oder Zutatengattung und wird eine dieser mehreren Zutaten oder Zutatengattungen in der Verkehrsbezeichnung genannt oder auf dem Etikett hervorgehoben, so greift die Ausnahmeregelung nicht. QUID wird in diesem Fall erforderlich, sofern nicht ein anderer Ausnahmetatbestand greift.

### 1.2.3.2 In Rechtsvorschriften vorgeschriebene Mengenangaben

Gemäß § 8 Abs. 2 Nr. 1 b LMKV n.F. gilt QUID nicht für eine Zutat oder Gattung von Zutaten, „deren Mengenangabe bereits auf dem Etikett durch eine andere Rechtsvorschrift vorgeschrieben ist". Diese sprachlich missglückte Vorschrift ist entsprechend Art. 7 Abs. 3 a zweiter Gedankenstrich der Richtlinie 97/4/EG dahin auszulegen, dass es sich um eine Zutat oder Gattung von Zutaten handeln muss, „deren Menge aufgrund von Gemeinschaftsbestimmungen bereits auf dem Etikett angegeben sein muss". Nationale Vorschriften zur Angabe bestimmter Mengen befreien deshalb nicht von QUID, ebenso wenig Angaben von Mindestgehalten oder -mengen.

Auch die Nährwertkennzeichnung ist keine aufgrund von Gemeinschaftsbestimmungen verpflichtende Angabe. Die Pflicht zur Nährwertkennzeichnung greift vielmehr nur ein, wenn nährwertbezogene Angaben gemacht werden. Außerdem bezieht sich die Nährwertkennzeichnung auf die Nährstoffgehalte und Brennwerte und nicht auf Mengen.

### 1.2.3.3 „Geringe" Menge

Aus dem Wortlaut des § 8 Abs. 2 Nr. 1 c) LMKV n.F. ergibt sich nicht, was als „geringe" (oder, nach dem Wortlaut der Richtlinie, „kleine") Menge anzusehen ist. Die im ersten Entwurf der Umsetzungsverordnung erfolgte Einschränkung durch Einfügung des Wortes „ausschließlich" („ausschließlich in geringer Menge...") ist wegen Unvereinbarkeit mit der Richtlinie wieder zurückgenommen worden. Hieraus folgt, dass als kleine Menge auch Zutaten anzusehen sind, die nicht ausschließlich der Geschmacksgebung dienen, sondern auch andere Zwecke erfüllen. Die Regelung ist also nicht auf ausschließlich geschmacksgebende Zutaten wie Gewürze und Aromen beschränkt, sondern kann im Einzelfall auch für andere in kleiner Menge zugegebene Zutaten wie Spargel, Pilze, Nüsse, Trüffel, Kaviar, Wein etc. gelten.

Ein Prozentsatz, bis zu welchem eine Zutat als in geringer Menge zur Geschmacksgebung zugegeben gilt, lässt sich nicht festlegen. Da Gewürze einerseits regelmäßig zur Geschmacksgebung eingesetzt werden, andererseits im Einzelfall den zur Kennzeichnungserleichterung führenden Anteil von 2 % (Anlage 1 zu § 6 Abs. 4 Nr. 1 LMKV) durchaus übersteigen können, wird eine „geringe" Menge auch bei Zutaten angenommen werden können, die zu mehr als 2 % im Lebensmittel enthalten sind. Hier zeigt sich, dass § 8 Abs. 2 Nr. 1 c) lediglich einen Teilbereich der Ausnahmeregelung des § 8 Abs. 2 Nr. 1 d) gesondert erfasst, denn in kleiner Menge zur Geschmacksgebung verwendete Zutaten sind in bezug auf ihre Menge regelmäßig für die Charakterisierung des betreffenden Lebensmittels nicht wesentlich oder unterscheidungskräftig.

### 1.2.3.4 In Verkehrsbezeichnung genannt, aber nicht ausschlaggebend

Schließlich gilt eine Ausnahme für diejenigen Zutaten oder Gattungen von Zutaten, die für die Wahl des Verbrauchers nicht ausschlaggebend sind, weil unterschiedliche Mengen für die Charakterisierung des betreffenden Lebensmittels nicht wesentlich sind und es nicht von ähnlichen Lebensmitteln unterscheiden. Nach dem deutschen Richtlinientext müssen beide Voraussetzungen erfüllt sein. Die anderen Sprachfassungen der Richtlinie verbinden dagegen die Tatbestandsalternativen mit einem „oder" und nicht mit einem „und". Der Übersetzungsfehler ist in der Bundesrats-Drucksache korrigiert worden. Die Erfüllung nur einer der beiden Tatbestandsalternativen lässt die Verpflichtung zur Mengenkennzeichnung entfallen.

Die Vorschrift findet nach dem Wortlaut sowohl der Richtlinie 97/4/EG als auch der Umsetzungsverordnung auch dann Anwendung, wenn eine in der Verkehrsbezeichnung aufgeführte, aus den in § 8 Abs. 2 Nr. 1 d) LMKV n.F. genannten Gründen aber mengenmäßig nicht ausschlaggebende oder charakterisierende Zutat zusätzlich auf dem Etikett bildlich, graphisch oder durch Worte hervorgehoben wird, denn alle in § 8 Abs. 2 LMKV n.f. genannten Ausnahmen führen, sofern nur eine einzige von ihnen gegeben ist, zur Befreiung von der QUID-Verpflichtung für alle in § 8 Abs. 1 LMKV n.f. genannten QUID-Auslöser („Absatz 1 gilt nicht ...."). Die Auffassung, die Ausnahmeregelung in § 8 Abs. 2 Nr. 1 d) LMKV n.f. gelte nur für in der Verkehrsbezeichnung genannte Zutaten (LOOSEN, a.a.O. S. 640), gilt deshalb mit der Ergänzung, dass auch die weiteren QUID-Auslöser des § 8 Abs. 1 LMKV n.F. ausgeschlossen sind, wenn die - z.b. - anderweitig hervorgehobene Zutat oder Zutatengattung in der Verkehrsbezeichnung genannt wird, aber mengenmäßig aus den in § 8 Abs. 2 Nr. 1 d) LMKV n.f. genannten Gründen nicht kaufentscheidend ist.

Die Prüfung, ob eine in der Verkehrsbezeichnung genannte Zutat oder Zutatenklasse mengenmäßig zu kennzeichnen ist, setzt deshalb immer die Beantwortung der Frage voraus, ob es gerade die Menge der jeweiligen Zutat ist, die für die Charakterisierung des Lebensmittels und/oder seine Unterscheidung von ähnlichen Lebensmitteln wesentlich ist (vgl. LOOSEN. a.a.O., S. 633).

Wie schwierig die Abgrenzung zwischen in der Verkehrsbezeichnung genannten und deshalb mengenmäßig zu kennzeichnenden Zutaten von denjenigen ist, die zwar in der Verkehrsbezeichnung genannt, aber gemäß § 8 Abs. 2 Nr. 1 d LMKV n.F. kennzeichnungsfrei sind, zeigen die Beispiele in Nrn. 5 und 6 der Allgemeinen Leitlinien: Bei „Pizza mit Schinken und Pilzen" sollen Schinken und Pilze mengenmäßig zu kennzeichnen sein, bei „Chili con Carne" nur das Hackfleisch.

Eine Auslegungshilfe bietet Anlage 1 zu § 6 Abs. 4 Nr. 1 LMKV: Wenn Gemüse, gleich welcher Art, bis zu einem Anteil von 10 % im Zutatenverzeichnis ohne Aufschlüsselung der einzelnen Gemüsearten als „Gemüse" bezeichnet werden kann, so macht dies deutlich, dass der EG-Gesetzgeber unterschiedliche Gemüseanteile im Rahmen einer Teilmenge von bis zu 10 % als für die Zusammensetzung eines Lebensmittels und die Wahl des Verbrauchers so unbeachtlich angesehen hat, dass eine Aufschlüsselung nicht erforderlich ist. Dies mag als Leitlinie für die in jedem Einzelfall vorzunehmende Prüfung dienen, ob eine Zutat trotz Nennung in der Verkehrsbezeichnung mengenmäßig für die Charakterisierung des Lebensmittels wesentlich oder unterscheidungskräftig und deshalb für die Wahl des Verbrauchers ausschlaggebend ist.

Dem kann nicht entgegengehalten werden, dass Art. 1 Abs. 1 der Richtlinie 99/10/EG eine Ausnahme für den Hinweis „mit Süßungsmittel(n)" oder „mit einer Zuckerart(en) und Süßungsmittel(n)" macht und die Erwägungsgründe hierzu ausführen, dass die Ausnahme erforderlich sei, weil andernfalls die in Verbindung mit der Verkehrsbezeichnung anzubringenden Hinweise auf die Verwendung von Süßungsmitteln zur QUID-Verpflichtung führten. Vielmehr ist Art. 1 Abs. 1 der Ergänzungsrichtlinie 99/10/EG schlicht überflüssig, da die Ausnahmeregelung sich bereits aus Art. 7 Abs. 3 a) dritter und vierter Gedankenstrich der Richtlinie 97/4/EG = § 8 Abs. 2 Nr. 1 c) und d) LMKV n.F. ergibt.

Im weiteren gibt es durchaus Verpackungsgestaltungen, die bestimmte Zutaten hervorheben, ohne dass deren Menge für die Charakterisierung des Lebensmittels und/oder seine Unterscheidung von ähnlichen Lebensmitteln bedeutsam ist. Dies gilt nicht nur für in kleinen Mengen zur Geschmacksgebung eingesetzte Zutaten - man denke an die Abbildung von Kräutern und Gewürzen -, für die die Ausnahmeregelung des § 8 Abs. 2 Nr. 1 c LMKV n.F. greift, sondern auch für komplex zusammengesetzte Zubereitungen. So werden handelsüblich innerhalb eines Sortiments Varietäten eines Grundtyps in verschiedenen Geschmacksrichtungen angeboten (z.B. Hühnersuppe mit Reis, Hühnersuppe mit Nudeln). Der Hinweis auf die jeweils variable Zutat (Reis, Nudeln) erfolgt häufig als Teil der Verkehrsbezeichnung, jedoch zusätzlich hervorgehoben in einer Vignette oder einem „Störer". Damit wird auf die unterschiedliche Geschmacksrichtung und Zusammensetzung hingewiesen, ohne dass die Menge der hervorgehobenen Zutat von Bedeutung ist. QUID ist in solchen Fällen nicht sinnvoll und nach dem Wortlaut der gesetzlichen Bestimmung auch nicht vorgeschrieben.

## 1.2.4 Mono- und Quasi-Mono-Produkte

Keinen Sinn macht QUID bei Lebensmitteln, die nur aus einer Zutat bestehen (sog. Mono-Produkten). Als Beispiel verarbeiteter, gleichwohl nur aus einer Zutat bestehender Lebensmittel seien traditionelle Speisewürze, Apfelessig und Gewürzmischungen (Zutatengattung) genannt. Sie sind deshalb nach allgemeiner Auffassung nicht prozentual zu kennzeichnen (s. Allgemeine Leitlinien, Anm. 1). Dasselbe gilt für Zutaten, die traditionell in der Verkehrsbezeichnung eines Produkts genannt werden, tatsächlich aber nicht enthalten sind (z.B. Schinkenbrot, Teewurst, Weinessig). Die Ausnahme sollte unter Berücksichtigung des Gesetzeszwecks - Information über die wichtigsten, die wesentlichen Zutaten - auch für solche Lebensmittel gelten, die im wesentlichen aus einer Zutat bestehen (sog. Quasi-Mono-Produkte). Es macht keinen Sinn, den Kartoffelanteil bei Kartoffelpüree oder -klößen oder den Essiganteil eines Estragonessigs mengenmäßig zu kennzeichnen. Die Grenze, ab der ein Produkt als Quasi-Mono-Produkt angesehen werden kann, ist nicht festgelegt.

So kann ein Quasi-Mono-Produkt aus Sicht des Verbrauchers bereits bei einem Gehalt der Hauptzutat um 90 % angenommen werden (z. B. Roggenbrot, das nach deutscher Auffassung mindestens 90 % Roggenmahlerzeugnisse enthält; s. auch Amtliche Begründung zu § 8 Abs. 2 Nr. 1 d LMKV n.F., Anhang 3.4).

Es kann keinen Unterschied machen, ob z. B. ein „Kartoffelpüree" als solches oder nur als „Püree" in Verbindung mit dem bildlichen oder graphischen Hinweis auf ein Kartoffelpüree in Verkehr gebracht wird. In beiden Fällen ist nur die Freiheit von der Verpflichtung zu QUID sinnvoll.

## 1.3   QUID und Nährwertkennzeichnung

Gemäß Art. 7 Abs. 6 der Richtlinie 97/4/EG gelten die Vorschriften zur Mengenkennzeichnung von Zutaten „unbeschadet der Gemeinschaftsvorschriften über die Nährwertkennzeichnung." Die danach parallel zu beachtenden QUID- und Nährwertkennzeichnungsvorschriften führen zu überflüssiger Doppelinformation und sind im Einzelfall zur Irreführung geeignet. Gemäß Art. 1 Abs. 2 der Ergänzungsrichtlinie 99/10/EG (Anhang 3.2) gilt QUID deshalb nicht für Hinweise betreffend die Hinzufügung von Vitaminen und Mineralstoffen in Fällen, in denen diese Stoffe im Rahmen der Nährwertkennzeichnung angegeben sind. Es ist nicht erkennbar, weshalb sich die Ausnahme auf diese Hinweise beschränkt, denn auch andere nährwertbezogene Angaben stehen nicht in Zusammenhang mit dem Ziel der QUID-Bestimmung, den Verbraucher über bestimmte wertgebende Zutatenmengen zu informieren. Nährwertkennzeichnung und Mengenkennzeichnung von Zutaten verfolgen eigenständige und voneinander verschiedene Informationsziele.

Der Entwurf der Umsetzungverordnung beschränkt gleichwohl, der Richtlinie folgend, die QUID-Verpflichtung gemäß § 8 Abs. 3 Nr. 2 LMKV n.F. QUID ist nicht erforderlich „für die Angabe von Vitaminen oder Mineralstoffen, sofern eine Nährwertkennzeichnung dieser Stoffe erfolgt." Dies gilt nur für die Fälle des § 8 Abs. 1 Nr. 1-3 LMKV n.F. und entspricht der Vorgabe in Art. 1 Abs. 2 der Richtlinie 99/10/EG.

## 1.4   Prüfungsreihenfolge

Die Prüfung hat konkret produktbezogen zu erfolgen (Tab. 1.1). Auszugehen ist von der Verkehrsbezeichnung. Nennt die Verkehrsbezeichnung wertbestimmende Zutaten,

11

so ist zunächst zu prüfen, ob es die Menge dieser in der Verkehrsbezeichnung genannten Zutat oder Zutatengattung ist, die den Ausschlag für die Wahl des Verbrauchers gibt. Ist dies der Fall, so hat QUID zu erfolgen, es sei denn, ein anderer Ausnahmetatbestand (§ 8 Abs. 2 Nr. 1 a) - c) LMKV n.F.) greift ein. Sodann erfolgt die Prüfung, ob die weiteren Voraussetzungen gemäß § 8 Abs. 1 Nr. 2-4 LMKV n.F. erfüllt sind. So kann eine schlichte - und auch so bezeichnete - Erbsensuppe durch die bildliche Darstellung eines tüchtigen Stücks Rauchspeck oder den auch entfernt von der Verkehrsbezeichnung, z.b. in einem „Störer", aufgeführten Hinweis „mit (reichlich) Rauchspeck" die Mengenkennzeichnung dieser weiteren Zutat erforderlich machen. Bei Mono-Produkten und Quasi-Mono-Produkten (s. hierzu oben Kap. 1.2.4) erübrigt sich in den meisten Fällen die weitere Prüfung. Alle Tatbestandsmerkmale des § 8 Abs. 1 LMKV n.F. (Auslösetatbestände) sind nacheinander zu prüfen. Auch wenn ein Auslösetatbestand (z.B. § 8 Abs. 1 Nr. 2) bejaht wird, kann nicht sofort zur Prüfung der Ausnahmetatbestände des § 8 Abs. 2 übergegangen werden; es ist zunächst zu prüfen, ob ein weiterer QUID-Auslöser vorliegt.

Wichtig: Die Ausnahmetatbestände greifen nur in einer beschränkten Zahl von Fällen. Die Frage, ob eine Zutat als QUID-Auslöser anzusehen ist, sollte deshalb immer mit Blick auf den Sinn der Regelung geprüft werden. Nicht die mengenmäßige Kennzeichnung aller oder möglichst vieler Zutaten ist gewollt, erst recht nicht die weitgehende Offenlegung des Rezepturgeheimnisses. Der Verbraucher soll lediglich wissen, in welchem Verhältnis die von ihm als wertgebend angesehenen Zutaten im Lebensmittel enthalten sind (vgl. LOOSEN a.a.O. S. 629).

## Tab. 1.1  QUID-Prüfungsschema

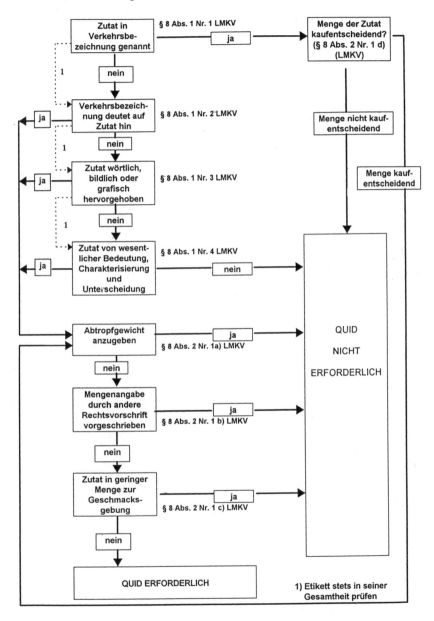

# 2 Besonderer Teil

## 2.1 Brot, Kleingebäck und Feine Backwaren

R. WETTIG

Backwaren in Fertigpackungen unterliegen ab dem 1. Januar 2001 der QUID-Regelung, d.h. bestimmte wertbestimmende und charaktergebende Zutaten und Gattungen von Zutaten müssen in Verbindung mit der Verkehrsbezeichnung oder in der Liste der Zutaten mengenmäßig gekennzeichnet werden.

Es ist jedoch damit zu rechnen, daß in anderen Mitgliedstaaten der Europäischen Union die Verpflichtung zur Mengenkennzeichnung bereits ab dem 14. Februar 2000 gilt. Vorverpackte Backwaren, die innerhalb der Gemeinschaft gehandelt werden, sollten daher bereits zu diesem Zeitpunkt eine entsprechende Kennzeichnung tragen.

### Anwendungsbereich bei Backwaren

Der QUID-Vorschrift unterliegen Fertigpackungen, die an Verbraucher im Sinne von § 6 LMBG abgegeben werden. Hierbei handelt es sich um den privaten Endverbraucher und um Großverbraucher, wie Kantinen, Gaststätten und andere Einrichtungen zur Gemeinschaftsverpflegung. Ferner um Gewerbetreibende, die Fertigpackungen mit Lebensmitteln zum Verbrauch in den eigenen Betriebsstätten beziehen. Zu den Gewerbetreibenden zählen lebensmittelrechtlich auch Angehörige der freien Berufe, soweit in ihren Räumlichkeiten Lebensmittel verzehrt werden.

Nicht der QUID-Regelung unterliegen dagegen unverpackte Backwaren und Backwaren in Fertigpackungen, die an Weiterverarbeiter veräußert werden. (Bäcker- und Konditoreibetriebe, die vorverpackte Backwaren zum Verzehr an Ort und Stelle (Steh-Cafe, Imbiß) beziehen, gelten jedoch als Verbraucher. Die entsprechenden Fertigpackungen unterliegen damit der QUID-Regelung.)

Freigestellt von der Verpflichtung zur Mengenkennzeichnung von Zutaten und den übrigen Kennzeichnungsverpflichtungen nach der Lebensmittel-Kennzeichnungsverordnung sind weiterhin Backwaren, die in einer Verkaufsstelle oder in einem daran angrenzenden Raum zur alsbaldigen Abgabe an den Endverbraucher vorverpackt werden. Zur alsbaldigen Abgabe bedeutet, daß die Backwaren spätestens am gleichen oder darauffolgenden Tag in den Verkauf gelangen. Die Abgabe darf dabei nicht in Selbstbedienung erfolgen. Der Kunde muß z.B. eine aus dem Regal entnommene Ware bei der Verkäuferin hinter der Ladentheke bezahlen. Dabei wird unterstellt, daß der

Verbraucher gegebenenfalls durch die sachkundige Fachverkäuferin ausreichend informiert werden kann. Eine Produktinformation durch Etikettierung kann somit entfallen.

## Leitsätze der Deutschen Lebensmittelbuchkommission und QUID

Die Leitsätze der Deutschen Lebensmittelbuchkommission haben Einfluß auf die Anwendung von QUID, und zwar sowohl im Hinblick auf die Auslösevorschriften wie auch auf die Ausnahmeregelungen des § 8 LMKV (n.F.).

Mit der QUID-Regelung soll die Produktinformation für den Verbraucher verbessert werden. Dies ist insbesondere deshalb erforderlich, weil nach der Cassis-de-Dijon-Rechtsprechung und der daraus abgeleiteten „wechselseitigen Anerkennung der Verkehrsauffassungen" Lebensmittel aus den einzelnen Mitgliedsländern der Europäischen Union auf dem Markt angeboten werden können, die zwar die gleiche Verkehrsbezeichnung, jedoch quantitativ unterschiedliche Rezepturbestandteile aufweisen.

So enthalten z. B. in Deutschland hergestellte Löffelbiscuits einen höheren Ei-Anteil als französische. Doch auch die französischen Löffelbiscuits sind in Deutschland verkehrsfähig (zuletzt bestätigt durch Urteil des Europäischen Gerichtshofs in der Sache van der Laan - C-383/97 vom 09.02.1999). Um dem Verbraucher in diesem Fall die „informierte Wahl" zu ermöglichen, ist hier eine quantitative Kennzeichnung des Ei-Anteils erforderlich.

Die Frage, ob und für welche Zutaten oder Gattung von Zutaten im Rahmen des § 8 LMKV (n.F.) die mengenmäßige Kennzeichnung erforderlich ist, muß jeweils für den Einzelfall geprüft und entschieden werden.

## Verpflichtung zur Mengenkennzeichnung von Zutaten

*..., wenn die Bezeichnung der Zutat oder der Gattung von Zutaten in der Verkehrsbezeichnung des Lebensmittels angegeben ist.*

### a) Brot

Beispiel 1: Roggenbrot

Nach den Leitsätzen für Brot und Kleingebäck - veröffentlicht im Bundesanzeiger Nr. 58 - wird ein Roggenbrot aus mindestens 90 % Roggenmehl hergestellt.

Ein aus 100 % Roggenmehl hergestelltes Brot unterscheidet sich dabei aus der Sicht des Verbrauchers nur ganz geringfügig. Der Unterschied ist normalerweise für seine Kaufentscheidung nicht ausschlaggebend.

Da es sich bei Roggenbrot um ein sogenanntes Quasi-Mono-Produkt handelt, ist eine mengenmäßige Zutatenangabe nicht erforderlich (Allgemeine Leitlinien für die Umsetzung des Grundsatzes der mengenmäßigen Angabe der Lebensmittelzutaten (QUID), III/5260/98 vom 21. Dezember 1998, Nr. 21). Danach gilt für Roggenbrot der Ausnahmetatbestand des § 8 Abs. 2 Nr. 1d) LMKV (n.F.)

Bei folgenden Brotsorten mit vergleichbaren quantitativen Rezepturbestandteilen - die in der Verkehrsbezeichnung genannte Zutat beträgt mindestens 90 % - entfällt ebenfalls die Verpflichtung zur Mengenkennzeichnung:

– Weizenbrot

– Weizenvollkornbrot

– Roggenvollkornbrot

– Weizenschrotbrot

– Roggenschrotbrot

– Weizenvollkorntoastbrot

– Dinkelbrot, Triticalebrot

Beispiel 2: Roggenmischbrot

Nach den Leitsätzen für Brot und Kleingebäck wird Roggenmischbrot aus mehr als 50 %, jedoch weniger als 90 % Roggenmehl hergestellt.

Bei dieser Bandbreite kann das Mischungsverhältnis, d.h. der prozentuale Roggenmehlanteil für die Kaufentscheidung des Verbrauchers bestimmend sein. Deshalb muß bei Roggenmischbrot eine Mengenkennzeichnung erfolgen.

Das Gleiche gilt entsprechend der in den Leitsätzen für Brot und Kleingebäck festgelegten Rezepturbestandteile auch für Brotsorten mit folgender Verkehrsbezeichnung:

– Weizenmischbrot

– Weizenroggenvollkornbrot

– Roggenweizenvollkornbrot

– Roggenweizenschrotbrot

– Weizenmischtoastbrot

– Roggenmischtoastbrot

17

Beispiel 3: Haferbrot, Reisbrot, Maisbrot, Hirsebrot, Buchweizenbrot

Bei diesen Brotsorten beträgt die in der Verkehrsbezeichnung genannte Zutat üblicherweise 20 %. Die eingesetzte Menge dient weder allein der Geschmacksgebung noch ist sie als gering anzusehen, so daß die Ausnahmeregelung des § 8 Abs. 2 Nr. 1d) LMKV (n.F.) keine Anwendung finden kann. Es besteht die Verpflichtung zur Mengenkennzeichnung.

Beispiel 4: Mohnbrot

Mohnbrot ist nur auf der Kruste mit den genannten Ölsamen belegt. Die jeweilige Zutatenmenge ist nur gering und dient neben einem verbesserten Aussehen der Backware der Geschmacksgebung. Hier greift die Ausnahmeregelung des § 8 Abs. 2 Nr. 1c) LMKV (n.F.). Obwohl die Zutat in der Verkehrsbezeichnung genannt ist, unterliegt sie nicht der Verpflichtung zur Mengenkennzeichnung.

Beispiel 5: Leinsamenbrot

Der Anteil der in der Verkehrsbezeichnung genannten Zutat kann variieren, muß aber nach der allgemeinen Verkehrsauffassung mindestens 8 % betragen.

Die Entscheidung, ob eine Mengenkennzeichnung erforderlich ist, hängt davon ab, wie hoch der Anteil der genannten Zutat ausfällt. Bei geringen Mengen, die zur geschmacklichen Verbesserung eingesetzt werden, gilt die oben genannte Ausnahmeregelung. Bei einer größeren Zutatenmenge muß eine Mengenkennzeichnung erfolgen, § 8 Abs. 2 Nr. 1 d) LMKV (n.F.).

Gleiches gilt z. B. auch für Sonnenblumenkernbrot, Kürbiskernbrot, Sojabrot etc.

Beispiel 6: Schinkenbrot

Schinkenbrot ist trotz Angabe der Zutat in der Verkehrsbezeichnung von der Verpflichtung zu QUID ausgenommen, da der Zusatz von Schinken - von regionalen Ausnahmen abgesehen - rezepturmäßig nicht üblich ist (Allgemeine Leitlinien zur Umsetzung von QUID III/526o/98 - DE, Nr. 5).

**b) Kleingebäck**

Kleingebäck, mit Ausnahme von Roggenbrötchen, entspricht in seiner Zusammensetzung den Rezepturbestandteilen vergleichbarer Brotsorten. Es gelten deshalb die gleichen Mengenkennzeichnungsanforderungen wie für Brot.

Bei Roggenbrötchen kann der Roggenmehlanteil zwischen 50% und 100% variieren. Eine mengenmäßige Kennzeichnung ist erforderlich.

## c) Feine Backwaren

<u>Beispiel 1:</u> Mandelstollen

Mandelstollen enthalten rezepturmäßig mindestens 20 kg Mandeln auf 100 kg Getreideerzeugnisse und/oder Stärken. Der Anteil der Mandelmasse ist für die Qualitätsbeurteilung des Stollens und damit auch für die Kaufentscheidung des Verbrauchers von Bedeutung. Deshalb muß die in der Verkehrsbezeichnung genannte Zutat gemäß QUID-Regelung gekennzeichnet werden.

In gleicher Weise zu kennzeichnen sind:

– Marzipan-, Persipan-, Mohn-, Nuß-, Butter- und Quarkstollen

– Mandelbienenstich

– Käsekuchen, Käsetorte

– Quarkkuchen, Quarktorte

<u>Beispiel 2:</u> Obstkuchen

Bei Obstkuchen ist der Gesamtfruchtanteil entsprechend Beispiel 1 mengenmäßig zu kennzeichnen, nicht aber die in der zusammengesetzten Zutat enthaltenen einzelnen Fruchtanteile. Dieses gilt gleichermaßen für Nußkuchen und Früchtebrot.

## d) Dauerbackwaren

Dauerbackwaren fallen in den Bereich des Bundesverbandes der Deutschen Süßwarenindustrie e.V. und werden deshalb hier nicht behandelt.

*..., wenn die Verkehrsbezeichnung darauf hindeutet, daß das Lebensmittel die Zutat oder die Gattung von Zutaten enthält.*

<u>Beispiel 1:</u> Bienenstich

Die Verkehrsbezeichnung Bienenstich weist keine wertbestimmende Zutat auf; gleichwohl verbindet der Verbraucher mit dieser Bezeichnung die Vorstellung, daß in der Masse des Belages Mandeln, Haselnüsse oder Walnüsse in nicht geringer Menge vorhanden sind. (Nach der allgemeinen Verkehrsauffassung beträgt der Anteil mindestens 30 %).

Der Anteil der Zutat kann sich auf die Kaufentscheidung des Verbrauchers auswirken. Er unterliegt deshalb der Verpflichtung zur Mengenkennzeichnung.

Beispiel 2: Baumkuchen

Die Verkehrsbezeichnung enthält keine Aussage über die Zutaten dieser Backware und gibt damit auch keinerlei wertbestimmende Hinweise, die für die Kaufentscheidung des Verbrauchers relevant sein könnten. Sie verpflichtet nicht zur mengenmäßigen Kennzeichnung. Ähnlich verhält es sich bei

– Sandkuchen

– Marmorkuchen

– Blätterteiggebäck

– Backwaren aus Wiener Masse

– Plunder

– Stollen, einschließlich Dresdner Stollen.

*..., wenn die Zutat oder die Gattung von Zutaten auf dem Etikett durch Worte, Bilder oder eine grafische Darstellung hervorgehoben ist*

QUID-relevante Informationen auf dem Etikett einer verpackten Backware stellen die Ausnahme dar. Abbildungen, wie sie vereinzelt auf verpackten Feinen Backwaren zu sehen sind, z. B. Belegvorschläge für einen Tortenboden oder die Abbildung der verpackten Ware sind keine Hervorhebungen im Sinne der QUID-Vorschrift. Die abgebildete Zutat unterliegt nicht der Verpflichtung zur Mengenkennzeichnung.

*..., wenn die Zutat oder die Gattung von Zutaten von wesentlicher Bedeutung für die Charakterisierung des Lebensmittels und seine Unterscheidung von anderen Lebensmitteln ist, mit denen es aufgrund seiner Verkehrsbezeichnung oder seines Aussehens verwechselt werden könnte.*

Dieser Auslösetatbestand dürfte in der Praxis kaum Bedeutung haben. Die EU-Kommission hat in ihren Leitlinien für diese Vorschrift lediglich 2 Beispiele gefunden: Mayonnaise und Marzipan.

## Ausnahmen von der Verpflichtung zur Mengenkennzeichnung

*... für eine Zutat oder Gattung von Zutaten, deren Abtropfgewicht nach § 11 der Fertigpackungsverordnung angegeben ist.*

Diese Vorschrift findet für den Backwarenbereich keine Anwendung.

*... für eine Zutat oder Gattung von Zutaten, deren Mengenangabe bereits auf dem Etikett durch eine andere Rechtsvorschrift vorgeschrieben ist.*

Im Backwarenbereich trifft diese Ausnahmeregelung auf Zutaten zu, deren Mengenangabe bereits im Rahmen der Nährwertkennzeichnungsverordnung erfolgt, z. B. durch die Auslobung „reich an Vitamin C" oder „reich an Mineralstoffen".

*... für eine Zutat oder Gattung von Zutaten, die in geringer Menge zur Geschmacksgebung verwendet wird.*

Beispiel: Zitronenkuchen

Die Bezeichnung Zitronenkuchen löst an sich die Verpflichtung zur mengenmäßigen Angabe der Zutat „Zitrone" aus, weil sie in der Verkehrsbezeichnung genannt wird. Da diese Zutat aber nur „in geringer Menge zur Geschmacksgebung" verwendet wird, greift die Ausnahmeregelung.

Gleiches gilt für:
Aromen, Kräuter, Gewürze, Kaffee, Kakao in geringen Mengen sowie Dekorartikel und ähnliche Erzeugnisse.

*... für eine Zutat oder Gattung von Zutaten, die, obwohl sie in der Verkehrsbezeichnung aufgeführt ist, für die Wahl des Verbrauchers nicht ausschlaggebend ist, da unterschiedliche Mengen für die Charakterisierung des entsprechenden Lebensmittels nicht wesentlich sind und es sich nicht von ähnlichen Lebensmitteln unterscheiden.*

Beispiel: Hefezopf

Obwohl die Zutat Hefe in der Verkehrsbezeichnung genannt wird, fällt sie unter die o. a. Ausnahmeregelung, da Hefe nur zur Lockerung der Backware verwendet wird und damit ihr mengenmäßiger Zusatz technologisch begrenzt ist.

Beispiel: Sauerteigbrot

Auch beim Sauerteigbrot ist die Zutat in der Verkehrsbezeichnung genannt. Sie dient im wesentlichen der Lockerung der Backware. Der Sauerteiganteil ist herstellungstechnisch abhängig von der Zusammensetzung der Getreidemahlerzeugnisse. Eine Mengenkennzeichnung entfällt.

*..., wenn in Rechtsvorschriften die Menge der Zutat oder der Gattung von Zutaten konkret festgelegt, deren Angabe auf dem Etikett aber nicht vorgesehen ist.*

Für diese Ausnahmeregelung bei Backwaren ist kein Beispiel bekannt.

*... in den Fällen des § 6 Abs. 2 Nr. 5.*

Die Zutaten Obst, Gemüse und Gemüsemischungen sowie Gewürzmischungen und Gewürzzubereitungen fallen unter die Ausnahmeregelung QUID, sofern sie sich in ihrem Gewichtsanteil nicht wesentlich unterscheiden und dies in der Zutatenliste durch den Hinweis „in veränderlichen Gewichtsanteilen" kenntlich gemacht wird.

Beispiel: Snackartikel

## Berechnung und Art und Weise der Kennzeichnung

Nicht nur in Deutschland sind es die Bäcker gewohnt, die in ihren Rezepturen verwendeten Zutaten auf die Menge der Getreidemahlerzeugnisse zu beziehen. Diese Berechnungsgrundlage liegt auch den Rezepturbeschreibungen der „Leitsätze für Brot und Kleingebäck" sowie der „Leitsätze für Feine Backwaren" zugrunde. Für den betriebsinternen Gebrauch kann diese Berechnungsweise weiterhin verwendet werden. Für die Berechnung der QUID-Mengenanteile müssen die zu kennzeichnenden Zutaten auf das Gewicht der fertigen Backware bezogen werden, d.h. unter Einbeziehung aller Zutaten einschließlich Schüttflüssigkeit, abzüglich Backverlust.

Damit werden gängige Aussagen wie „Roggenbrot - 100% Roggen" in Zukunft nicht mehr möglich sein.

Um in ähnlich gelagerten Fällen eine Irreführung des Verbrauchers auszuschließen, dürfen die bisher verwendeten Prozentangaben nur noch dann deklariert werden, wenn sie sich eindeutig auf die rezepturmäßig zugesetzten Getreidemahlerzeugnisse beziehen.

Beispiel: Roggenbrot - Getreide aus 100 % Roggen

Es kann auch nicht ausgeschlossen werden, daß sich aus der unterschiedlichen Mengenkennzeichnung Wettbewerbsprobleme gegenüber unverpackten Backwaren ergeben, weil bei letzteren nach wie vor die 100 %-Auslobung vorgenommen werden kann.

## Berechnung der Zutatenmenge bei Feuchtigkeitsverlust

Beispiel 1: Weizenmischbrot.

In diesem Beispiel ist die Zutat Weizenmehl gemäß § 8 Abs. 1 Nr. 1 LMKV (n.F.) anzugeben, da sie in der Verkehrsbezeichnung genannt wird.

Es wird folgende Rezeptur zugrundegelegt:
(Der Backverlust beträgt 13%)

6,0 kg    Weizenmehl, T 550

4,0 kg    Roggenmehl, T 997

0,4 kg    Backmittel

0,2 kg    Hefe

0,2 kg    Salz

7,2 kg    Wasser
___

18,0 kg   Gesamtteiggewicht

Die Grundlage für die Mengenberechnung nach QUID ist Teiggewicht 18 kg ./. Backverlust (13 %) 2,3 kg = 15,7 kg Gewicht des Weizenmischbrotes.

Der mengenmäßig zu kennzeichnende Weizenmehlanteil beträgt 6 kg bezogen auf 15,7 kg = 38 %.

(Deklaration nach Bäckerrechnung: 60 % Weizenmehl / 40 % Rogenmehl)


Beispiel 2: Mandelstollen mit Marzipan

Es wird folgende Rezeptur zugrunde gelegt:
(Der Backverlust beträgt 12 %.)

10,2 kg     Stollenteig / Früchtemischung

3 kg        Splittermandeln (17,4 %)

2,5 kg      Zitronat

0,1 kg      Rum

1,4 kg      Marzipanrohmasse (8,1 %)

(0,6 kg)    Streichfett / Zuckermischung

(0,8 kg)    Zucker

(0,3 kg)    Puderzucker / Vanille
___

17,2 kg     Gesamtgewicht des Teiges

Mengenmäßig sind der Mandel- und Marzipananteil anzugeben, da beide Zutaten in der Verkehrsbezeichnung genannt werden. Bei der Berechnung ist vom Gesamtgewicht von 17,2 kg der Backverlust von rund 12 % abzuziehen, (-2,1 kg) = 15 kg.

Zu addieren ist die nach dem Backprozeß aufgebrachte Streichfettzuckermasse einschließlich Puderzucker in Höhe von 1,7 kg. Das Gewicht des verkaufsfertigen Mandelstollens mit Marzipan beträgt 16,8 kg.

Der Anteil der Splittermandeln von 3,0 kg ergibt 18 %, der Anteil der Marzipanrohmasse mit 1,4 kg 8 %.

Die Mengenangabe der wertbestimmenden Zutat oder Gattung von Zutaten kann gemäß § 8 Abs. 4 LMKV (n.F.) entweder

– **in der Verkehrsbezeichnung:**

   Beispiel: Weizenmischbrot mit 10 % Sonnenblumenkernen

– **in ihrer unmittelbaren Nähe:**

   Beispiel: Weizenmischbrot, mit 10 % Sonnenblumenkernen (in unmittelbarer Nähe)

– **in der Liste der Zutaten:**

   Beispiel: Liste der Zutaten: Weizenmehl, Wasser, Sonnenblumenkerne 10 %

angegeben werden.

## 2.2 Feinkostprodukte, Suppen und Fertiggerichte

D. RADERMACHER

Bei Feinkostprodukten, Suppen und Fertiggerichten zeigt sich in besonderer Weise, dass QUID als Entscheidungshilfe für die aufgrund sachgerechter Information getroffene Kaufentscheidung des Verbrauchers in vielen Fällen ungeeignet ist: Gerade bei aus vielen Zutaten komponierten Lebensmitteln macht in den seltensten Fällen die Menge einer einzelnen Zutat den - geschmacklichen - Wert aus, vielmehr ist die Mischung für den Geschmack entscheidend. Häufig wird bereits die in der Verkehrsbezeichnung genannte Hauptzutat zumindest mengenmäßig nicht entscheidend sein; erst recht gilt dies für weitere, zur Beschreibung des Produkts genannte oder abgebildete Zutaten. Die QUID-Prüfung bei diesen Produkten sollte deshalb von folgenden Grundsätzen ausgehen:

– Die namengebende Zutat wird regelmäßig zu kennzeichnen sein, weitere Zutaten nur im Ausnahmefall. Stets ist zu prüfen, ob die Befreiung von der Mengenkennzeichnung in Anspruch genommen werden kann. Dies wird häufig der Fall sein, weil entweder die Zutat nur in kleiner Menge zur Geschmacksgebung eingesetzt wird oder die Menge der Zutat weder charakteristisch noch kaufentscheidend ist.

– Durch Aufhebung des § 9 LMKV und Änderung des § 3 FleischV besteht zukünftig keine Verpflichtung zur gesonderten Angabe des Fisch- und Fleischanteils mehr. Ob diese Zutaten auf Grund ihrer Erwähnung in der Verkehrsbezeichnung mengenmäßig zu deklarieren sind, ist deshalb stets einzelfallbezogen zu prüfen.

Für die in Tab. 2.1 und Tab. 2.2 aufgeführten typischen Produkte der Suppen- und Feinkostindustrie wird die mengenmäßige Angabe der in der rechten Spalte genannten Zutaten vorgeschlagen.

**Tab. 2.1 Mengenmäßige Angabe der Zutaten für typische Produkte der Suppenindustrie**

| Erzeugnis | Mengenmäßige Angabe der Zutaten (QUID) für: |
|---|---|
| Rindfleischsuppe | Rindfleisch. Bei Einsatz lediglich von Fleischextrakt in kleiner Menge zur Geschmacksgebung ist QUID nicht erforderlich |
| Gulaschsuppe | siehe Hinweis zu „Rindfleischsuppe" |

## Tab. 2.1 (Fortsetzung)

| Erzeugnis | Mengenmäßige Angabe der Zutaten (QUID) für: |
| --- | --- |
| Ochsenschwanzsuppe | Ochsenschwanz und/oder Rindfleisch. Angabe entweder im Zutatenverzeichnis oder in Summe als „Rindfleisch" in Verbindung mit der Verkehrsbezeichnung. Bei Herstellung ausschließlich auf Basis von Fleischextrakt erfolgt keine mengenmäßige Zutatenangabe. |
| Gemüsesuppe | Gemüse (bis 10 % als Zutatenklasse „Gemüse" im Zutatenverzeichnis, über 10 % Anteil aufgeschlüsselt nach einzelnen Gemüsesorten im Zutatenverzeichnis oder insgesamt als „Gemüse" in Verbindung mit der Verkehrsbezeichnung). Als „Gemüse" in diesem Sinne ist nicht nur Suppengemüse zu verstehen, sondern Gemüse im weitesten Sinne (einschließlich Kartoffeln und Zwiebeln). |
| Hühnersuppe | Hühnerfleisch und/oder -fett. Bei Einsatz nur von Hühnerfett dürfte QUID sich erübrigen. Als geeignete Gattungsbezeichnung, mit der alle vom Huhn stammenden Zutaten in Verbindung mit der Verkehrsbezeichnung zusammengefasst quantitativ angegeben werden können, werden vorgeschlagen:<br><br>• „Huhn" (s. auch Nr. 7 der Leitlinien), wenn aus dem Zutatenverzeichnis ersichtlich ist, welche Huhn-Bestandteile eingesetzt sind.<br><br>• „Huhnbestandteile"<br><br>• „Hühnerfleisch und -fett" |
| Leberknödelsuppe | Leberknödel |
| Spargelcremesuppe | Spargel. Sofern Spargel nur in kleiner Menge zur Geschmacksgebung eingesetzt wird, erscheint QUID entbehrlich. |
| Erbsensuppe | Erbsen |
| Kartoffelsuppe | Kartoffeln |

**Tab. 2.1 (Fortsetzung)**

| Erzeugnis | Mengenmäßige Angabe der Zutaten (QUID) für: |
|---|---|
| Tomatensuppe | Tomaten. Sofern mehrere Zutaten aus Tomaten (z. B. Tomatenstücke und Tomatenmark) in der Zutatenliste getrennt aufgeführt werden, können diese entweder jeweils mit Prozentangabe versehen oder zusammengefasst in Verbindung mit der Verkehrsbezeichnung als „Tomatenbestandteile" mengenmäßig deklariert werden. |

Diese Beispiele gelten vorbehaltlich der Prüfung, ob das Etikett weitere QUID-Auslöser aufweist, also bildliche, graphische oder wörtliche Hinweise auf weitere Zutaten. Auch ist immer zu prüfen, ob trotz Nennung einer Zutat in der Verkehrsbezeichnung QUID nicht erforderlich ist, weil ein Ausnahmetatbestand (§ 8 Abs. 2 Nr. 1 a - d LMKV n.F.) greift (Beispiel: Pfeffersoße, bei der Pfeffer nur in kleiner Menge zur Geschmacksgebung enthalten ist).

**Tab. 2.2 Mengenmäßige Angabe der Zutaten für typische Produkte der Feinkostindustrie**

| Erzeugnis | Mengenmäßige Angabe der Zutaten (QUID) für: |
|---|---|
| Fleischsalat | Fleischbrät |
| Heringssalat | Hering |
| Eiersalat | Eier |
| Käsesalat | Käse (bei Einsatz verschiedener Käsesorten entweder zusammengefasst als „Käse" in Verbindung mit der Verkehrsbezeichnung oder aufgeschlüsselt nach Käsesorten mit jeweiliger %-Angabe im Zutatenverzeichnis) |
| Kartoffelsalat | Kartoffeln |
| Weißkrautsalat | Weißkraut |
| Gurkensalat | Gurken |
| Tomatenketchup | Tomatenbestandteile (entweder in Summe in Verbindung mit der Verkehrsbezeichnung oder aufgeschlüsselt im Zutatenverzeichnis) |
| Joghurt-Dressing | Joghurt |

Zusammengesetzte Zutaten sollten entgegen der Darstellung in den Allgemeinen Leitlinien der Kommission (dort Anm. 5.) regelmäßig nur als zusammengesetzte Zutat prozentual gekennzeichnet werden. Die Forderung, auch den Prozentsatz der Zutat einer zusammengesetzten Zutat zu nennen (im Beispielsfall der Leitlinien der Ei-Anteil der Eiercremefüllung), findet weder im Gesetzeswortlaut eine Stütze, noch dürfte eine so detaillierte Angabe für den Verbraucher von Bedeutung sein. Für den Bereich der Suppenindustrie empfiehlt es sich deshalb, die zusammengesetzte Zutat quantitativ zu deklarieren, nicht aber deren Hauptbestandteil (Beispiel: Fleischklößchen, Markklößchen, Eiernudeln, Käsnockerln und nicht Fleisch, Mark, Eier oder Käse). So dürfte auch im Beispiel „Königsberger Klopse" in den Allgemeinen Leitlinien (dort Anm. 6) die Angabe des Hackfleischbällchen-Anteils zutreffend sein, nicht die Angabe des isolierten Fleischanteils. Anders ist es zu beurteilen, wenn das Etikett weitere QUID-Auslöser aufweist, d.h. die graphische, bildliche oder wörtliche Hervorhebung des Hauptbestandteils der zusammengesetzten Zutat. Sofern eine solche Hervorhebung erfolgt, ist die Prozentangabe des Hauptbestandteils der zusammengesetzten Zutat auf das Enderzeugnis zu beziehen. In Tab. 2.3 und Tab. 2.4 sind einige Beispiele für Verkehrsbezeichnungen aus dem Bereich der Suppen- und Feinkostindustrie genannt, die auf bestimmte Zutaten hindeuten, d.h. vom Verbraucher mit diesen Zutaten in Verbindung gebracht werden, die Zutaten selbst aber nicht in der Verkehrsbezeichnung nennen.

**Tab. 2.3 Verkehrsbezeichnungen aus dem Bereich der Suppenindustrie, die auf bestimmte Zutaten hindeuten**

| Erzeugnis | Beispiel einer beschreibenden Bezeichnung | Mengenmäßige Angaben der Zutaten (QUID) für: |
|---|---|---|
| Ragout fin | Ragout aus Kalb- und Geflügelfleisch mit Sahne und Champignons | Fleischanteil insgesamt in Verbindung mit der Verkehrsbezeichnung oder aufgeschlüsselt im Zutatenverzeichnis |
| Jägersuppe | Dunkle, gebundene Suppe mit Speisepilzen | Pilze (sofern nicht die Ausnahmeregelung gemäß § 8 Abs. 2 Nr. 1 c LMKV n.F. greift). |
| Wiener Gulaschsuppe | Suppe mit Rindfleisch oder Fleischextrakt, Zwiebeln, Paprika und Kartoffeln | Rindfleisch (bei Einsatz nur von Fleischextrakt QUID nicht erforderlich) |

## Tab. 2.3 (Fortsetzung)

| Erzeugnis | Beispiel einer beschreibenden Bezeichnung | Mengenmäßige Angaben der Zutaten (QUID) für: |
|---|---|---|
| Szegediner Gulaschsuppe | Suppe mit Rindfleisch oder Fleischextrakt, Zwiebeln, Paprika und Sauerkraut | Rindfleisch (bei Einsatz nur von Fleischextrakt QUID nicht erforderlich) |
| Bratenfond | Basis zur Herstellung einer Bratensoße | QUID nicht erforderlich |
| Frühlingssuppe | Gemüsesuppe | Gemüse |
| Königinsuppe | Helle, mild gehaltene Cremesuppe | QUID nicht erforderlich |
| Minestrone | Italienische Gemüsesuppe | Gemüse |

Diese Beispiele gelten vorbehaltlich der Prüfung, ob das Etikett weitere „QUID-Auslöser" aufweist, also bildliche, graphische oder wörtliche Hinweise auf weitere Zutaten. Auch ist zu prüfen, ob die Ausnahme von der Kennzeichnungspflicht gemäß § 8 Abs. 2 Nr. 1 c LMKV neu (kleine Menge zur Geschmacksgebung) greift.

## Tab. 2.4 Verkehrsbezeichnungen aus dem Bereich der Feinkostindustrie, die auf bestimmte Zutaten hindeuten

| Erzeugnis | Beispiel einer beschreibenden Bezeichnung | Mengenmäßige Angaben der Zutaten (QUID) für: |
|---|---|---|
| Waldorfsalat | Salat aus Sellerie, Äpfeln, Nüssen | Sellerie, Äpfel, Nüsse[*] |
| Budapester Salat | Fleischsalat mit Tomatenmark und Paprika | Fleischbrät |
| Mayonnaise Salatmayonnaise Remoulade | emulgierte Soße, Typ Öl-in-Wasser-Emulsion | Pflanzliches Öl |
| Jägersoße | braune Soße mit Pilzen | Pilze |
| Schaschlik-Soße | Gewürzketchup zum Schaschlik | QUID nicht erforderlich |

[*] Für Waldorfsalat wurde von den Überwachungsbehörden ein Nussanteil von mindestens 8 % empfohlen. Ein Anteil in dieser Höhe kann nicht mehr als „kleine Menge zur Geschmacksgebung" angesehen werden. Daher wird QUID erforderlich. Ein geringerer Nussanteil stellt eine Abweichung von der empfohlenen Rezeptur dar und ist deshalb nach Auffassung der Lebensmittelüberwachungsbehörden kenntlich zu machen. Die %-Angabe des Nussanteils macht die Abweichung ausreichend kenntlich.

29

In jedem Einzelfall ist zu prüfen, ob eine Zutat oder eine Gattung von Zutaten auf dem Etikett durch Worte, Bilder oder eine graphische Darstellung hervorgehoben ist. Hervorhebung ist mehr als Abbildung oder Erwähnung. Auch kann die Auflistung einer Zutat oder Gattung von Zutaten im Rahmen einer beschreibenden Verkehrsbezeichnung in einer anderen als der für die Verkehrsbezeichnung gewählten Schrifttype nicht ohne weiteres als Hervorhebung angesehen werden. Entscheidend ist die Hervorhebung, d.h. die im Verhältnis zu den anderen Zutaten prominente Herausstellung oder selektive Hervorhebung einer oder mehrerer Zutaten. Im Bereich der Herstellung von Suppen und Fertiggerichten ist es jahrzehntelanger Hersteller- und Handelsbrauch, nicht alle, sondern nur einige der im Produkt verwendeten Zutaten in unverarbeitetem Zustand dekorativ um den Suppenspiegel herum abzubilden. Hieraus können nicht ohne weiteres Rückschlüsse auf bestimmte Mengen der abgebildeten Zutaten gezogen werden. Erst recht gilt dies für Zutaten, die im Rohzustand unterschiedlich groß sind und in ihrem natürlichen Verhältnis zueinander abgebildet werden (z.B. Erbsen und Möhren). Je mehr Zutaten ohne Hervorhebung einer einzelnen Zutat auf dem Etikett abgebildet sind, desto eher dürfte die Verpflichtung zu QUID entfallen. Die Abbildung von Fleisch und Fisch kann QUID in Bezug auf diese Zutaten auslösen, es sei denn, die Zutaten werden ohne Hervorhebung oder nur in kleinen Mengen zur Geschmacksgebung eingesetzt (Beispiel: Abbildung eines Rindes bei Einsatz von Fleischextrakt in geringer Menge zur Geschmacksgebung führt nicht zu QUID).

Auslobungen wie „Delikatess", „Extra", „Prima", „Gourmet" u.ä. (vgl. Richtlinie zur Beurteilung von Suppen und Soßen, Ziffer V./6. a) können sich auf qualitative wie auf quantitative Merkmale beziehen. Dies gilt für Suppen und Soßen wie für Feinkostprodukte. Sie charakterisieren das Erzeugnis zwar als hervorgehoben, beziehen die Hervorhebung jedoch nicht ohne zusätzliche Hinweise auf die Menge einer Zutat oder Zutatengattung. Sie lösen deshalb QUID nicht aus. Ebensowenig führen Verkehrsbezeichnungen wie „Soße zum Braten", „Delikatess-Soße zu Braten" oder „Delikatess-Curry-Soße" zur Mengenkennzeichnung.

Von besonderer Bedeutung für die Prüfung, welche Zutaten eines Feinkostprodukts, einer Suppe oder eines Fertiggerichts mengenmäßig zu kennzeichnen sind, ist § 8 Abs. 2 LMKV n.F. und hier die Alternativen 1 c und d. Neben den bereits in den Allgemeinen Leitlinien der Kommission genannten Zutaten, die typischerweise zur Geschmacksgebung in geringen Mengen eingesetzt werden (Knoblauch, Kräuter oder Gewürze) sind im Bereich der Suppenherstellung nur beispielhaft Wein, Spargel, Pilze, Speck und Fleischextrakt zu nennen. Insbesondere Fleischextrakt wird in den Produkten der Suppenindustrie regelmäßig in kleiner Menge zur Geschmacksgebung eingesetzt und löst deshalb die Verpflichtung zu QUID nicht aus. Auch müssen jeweils in kleiner Menge zur Geschmacksgebung enthaltene Zutaten, die als Gattung zusammengefasst werden können (z.B. Kräuter) nicht rechnerisch zur einer größeren Gesamtmenge zusammengefasst werden, die sodann QUID auslöst; sie können statt dessen im Zutatenverzeichnis wie gewohnt genannt werden (z.B. ...Petersilie, Dill...). Ist dagegen der Gattungsbegriff gleichzeitig Verkehrsbezeichnung (z.B. Kräutersoße) und ist die Menge der in der Verkehrsbezeichnung zusammengefassten Zutaten nicht mehr als gering anzusehen, so löst dies QUID aus.

Suppen und Fertiggerichte wie auch Feinkostsalate sind komponierte Lebensmittel. Die Menge einer einzelnen Zutat wird bei den traditionell als wertvoll eingeschätzten Zutaten (Fleisch, Fisch, Sahne) eher für die Wahl des Verbrauchers ausschlaggebend sein als dies bei weniger wertgeschätzten Zutaten wie Nudeln oder Reis der Fall ist. Hieran hat sich die Prüfung auszurichten, ob eine in der Verkehrsbezeichnung genannte Zutat mengenmäßig zu kennzeichnen ist. So werden handelsüblich Produkte der Feinkost- und Suppenindustrie innerhalb eines Sortiments als gleicher Grundtyp in verschiedenen Geschmacksrichtungen oder Varietäten angeboten (z.B. Hühnersuppe mit Reis, Hühnersuppe mit Nudeln, Kartoffelsalat mit Ei, Kartoffelsalat mit Speck). Der Hinweis auf die jeweils variable Zutat (Reis, Nudeln, Ei, Speck) ist Teil der Verkehrsbezeichnung, löst indessen QUID nicht ohne weiteres aus. Dies gilt auch dann, wenn dieser Teil in einer Vignette oder einem Störer hervorgehoben ist. Entgegen der Auffassung der Kommission in den Allgemeinen Leitlinien (Anm. 20) greift die Ausnahmeregelung in § 8 Abs. 2 Nr. 1 d LMKV n.F. auch dann, wenn weitere „QUID-Auslöser" gegeben sind, weil Abs. 1 insgesamt nicht Anwendung findet, wenn eine Ausnahme gemäß Abs. 2 greift (vgl. 1.2.3.4).

So erscheint zweifelhaft, ob bei einer „Markklößchen-Suppe mit Eierschleifchen" die Menge der Eierschleifchen für die Wahl des Verbrauchers ausschlaggebend ist; QUID in bezug auf die Zutat Eierschleifchen erscheint daher entbehrlich. Entsprechendes gilt z.B. bei einer „Rindfleischsuppe mit Frühlingsgemüse" für die Zutat Frühlingsgemüse. Für Brühen (Bouillons) und Consommés dürfte QUID regelmäßig entfallen, da es sich hierbei definitionsgemäß um dünne, klare Flüssigkeiten im Sinne der Europäischen Beurteilungsmerkmale für Brühen (Bouillons) und Consommés vom 05. Oktober 1990 (DLR Heft 2/1992, S. 48, 49) handelt und Fleischextrakt oder andere namengebende Zutaten nur in kleiner Menge zur Geschmacksgebung enthalten sind. Ausgehend von dem Grundsatz, dass die namengebende Zutat regelmäßig mengenmäßig zu deklarieren ist, bei den weiteren in der Verkehrsbezeichnung genannten Zutaten im Einzelfall entschieden werden muss, ob deren Menge für die Wahl des Verbrauchers ausschlaggebend ist, können die in Tab. 2.5 und Tab. 2.6 aufgeführten Beispiele genannt werden.

**Tab. 2.5 Verkehrsbezeichnungen aus dem Bereich der Suppenindustrie, in denen weitere Zutaten genannt werden**

| Verkehrsbezeichnung | Mengenmäßige Angabe der Zutaten (QUID) für: |
|---|---|
| Kartoffelsuppe mit Fleischklößchen | Kartoffeln, Fleischklößchen |
| Erbsensuppe mit Würstchenscheiben | Erbsen, Würstchen |
| Lachssuppe mit Gemüseeinlage | Lachs |
| Kartoffeln in Petersiliensoße | Kartoffeln |
| Nudeln in Tomatensoße | Nudeln |
| Pasta alla Bolognese (Nudeln in Fleisch-Tomatensoße) | Nudeln, Fleisch |
| Rinderroulade in Soße mit Gemüse und Bandnudeln | Rinderroulade (s. Leitlinien Nr. 6 am Ende: auch die Bestandteile eines Schinkens sind nach Auffassung der Kommission nicht weiter quantitativ aufzuschlüsseln). |
| Hühnersuppe mit Reis/Nudeln | Huhnbestandteile |
| Putengulasch mit Gemüsereis | Putenfleisch |

**Tab. 2.6 Verkehrsbezeichnungen aus dem Bereich der Feinkostindustrie, in denen weitere Zutaten genannt werden**

| Verkehrsbezeichnung | Mengenmäßige Angabe der Zutaten (QUID) für: |
|---|---|
| Partysalat Weißkraut, Karotten, Gurken in pikanter Soße | Gemüse, in Summe in Verbindung mit der Verkehrsbezeichnung |
| Mexikosalat Mais, Kidneybohnen, Paprika in Dressing | Gemüse, in Summe in Verbindung mit der Verkehrsbezeichnung |
| Farmersalat Gemüsesalat aus Weißkraut, Karotten, Sellerie, Ananas | Gemüse, in Summe in Verbindung mit der Verkehrsbezeichnung |

**Tab. 2.6** (Fortsetzung)

| Verkehrsbezeichnung | Mengenmäßige Angabe der Zutaten (QUID) für: |
|---|---|
| Sahneheringsfilets mit Äpfeln, Zwiebeln, Gurken | Hering, Sahne |
| Thunfischsalat pikant zubereitet mit Gurken und Salatmayonnaise | Thunfisch |
| Broccolisalat mit feiner Salatcreme, angerichtet mit Vorderschinken, Äpfeln, Ananas, Käse und Mandeln | Broccoli, Vorderschinken |
| Meerrettich, tafelfertig zubereitet | QUID nicht erforderlich (Quasi-Mono-Produkt) |
| Sahne-Meerrettich | Sahne |
| Kartoffelcreme Dip aus Quark und Creme fraiche | Quark, Creme fraiche |
| Heringshappen in Dill-Sahnesoße | Hering, Sahnesoße |

Für die Frage, ob eine in Pulverform eingesetzte Zutat im Zutatenverzeichnis als „Pulver" deklariert werden muss, ist allein auf das Irreführungsverbot abzustellen: Werden z.B. in einer „Spargelcremesuppe" sowohl Spargelstücke als auch Spargelpulver eingesetzt, so können diese Zutaten im Zutatenverzeichnis als „Spargel" zusammengefasst werden. Auch ist es nicht zur Irreführung geeignet, wenn das Zutatenverzeichnis einer als Trockensuppe in Verkehr gebrachten „Spargelcremesuppe" - bei eingesetztem Spargelpulver - lediglich die Bezeichnung „Spargel" aufweist, wenn der Suppenspiegel auf dem Etikett keine Spargelstücke zeigt. Lediglich bei Hinweis auf stückige Bestandteile hat im Zutatenverzeichnis eine entsprechende Aufteilung und, je nach Darstellung auf dem Etikett und eingesetzter Menge, QUID zu erfolgen, dies wiederum wahlweise insgesamt in Verbindung mit der Verkehrsbezeichnung oder aufgeschlüsselt im Zutatenverzeichnis.

Gemäß Art. 2 der Ergänzungsrichtlinie 99/10/EG (§ 8 Abs. 4 LMKV n.F.) ist zu beachten:

– Bei Trockensuppen und Nasssuppen-Konzentraten kann zur mengenmäßigen Kennzeichnung wahlweise auf die Angebotsform oder die verzehrfertige Zubereitung abgestellt werden. Praktikabler erscheint die Berechnung bezogen auf Trockenprodukt oder Konzentrat.

– Mengenmäßig zu kennzeichnende Zutaten, die sowohl als Granulat als auch als Pulver im Produkt enthalten sind, können in Summe mengenmäßig gekennzeichnet werden. Die Abbildung frischer Zutaten ist auch dann zulässig, wenn nur konzentrierte Zutaten eingesetzt werden. Auch bei Abbildung frischer Zutaten auf dem Etikett kann sich die Mengenkennzeichnung bei Trockenprodukten auf den eingesetzten getrockneten Rohstoff beziehen. Daneben bleibt die Angabe des Rohstoff-Äquivalents zulässig, dies allerdings nur außerhalb des Zutatenverzeichnisses (z. B.: „x% Rindfleisch, entspricht y Gramm Frischfleisch").

– Bei einer auf Basis von Butterreinfett rezeptierten Buttersoße ist das Butterreinfett entweder im Zutatenverzeichnis oder in Verbindung mit der Verkehrsbezeichnung mengenmäßig zu kennzeichnen. Die prozentual höhere Angabe des berechneten Butteranteils (Butter kann zu 18 % Wasser enthalten) dürfte nur in Form eines freiwilligen zusätzlichen Hinweises möglich sein.

– Bei Einsatz konzentrierter oder in getrockneter Form zugegebener Zutaten, die während der Herstellung in ihren ursprünglichen Zustand zurückgeführt werden, kann auf den Gewichtsanteil vor der Konzentration oder Trocknung abgestellt werden;

– Bei Lebensmitteln, denen in Folge einer Hitzebehandlung oder sonstigen Behandlung Wasser entzogen wurde, muss die angegebene Menge der verarbeiteten Zutat auf das Enderzeugnis bezogen angegeben werden. Dies führt bei Fleischklößchen, die aus Frischfleisch hergestellt und getrocknet vermarktet werden, zu irreführenden Ergebnissen: Bei getrockneten Suppen-Fleischklößchen (Mindestfrischfleisch-Anteil von 50 % bei der Herstellung) kann es dazu führen, dass ein Fleischanteil von über 100 % deklariert werden muss. Die Deklaration hat in diesem Fall in Gramm zu erfolgen (Beispiel: „Mit x g Frischfleisch pro 100 g Fleischklößchen"). Als Zutaten in Suppenprodukten eingesetzte Fleischklößchen sollten jedoch regelmäßig nur prozentual als Klößchen ohne nähere Erläuterung des Fleischanteils mengenmäßig deklariert werden.

– Wird aber auf der Packung z. B. einer Fleischklößchensuppe die Zutat Fleisch hervorgehoben abgebildet oder ausgelobt, so ist ergänzend zur mengenmäßigen Angabe der Fleischklößchen auch die Menge des Fleischanteils anzugeben.

Erfolgt dabei eine Berechnung sowohl des Fleischklößchen- als auch des Fleischanteils in Relation zum Endprodukt, so würde die unterschiedliche Berechnungsweise für den Fleischklößchenanteil (getrocknete Klößchen bezogen auf

Trockensuppe) und den Fleischanteil (Frischfleisch bezogen auf Trockensuppe) zu folgenden Angaben führen (Zahlen nur als Beispiel): Fleischklößchen-Anteil: 15 % / Fleischanteil: 18 %. Da der Fleischanteil aus den Fleischklößchen in größerer Menge deklariert werden würde als die Fleischklößchen selbst, wäre diese Kennzeichnung zur Irreführung geeignet.

Bei Trockenprodukten wird deshalb folgende Art und Weise der Berechnung sowie Deklaration empfohlen:

Fleischklößchen-Anteil:  Anteil der getrockneten Fleischklößchen in % bezogen auf das Endprodukt Fleischklößchensuppe im Trockenzustand

Fleischanteil:  Frischfleischanteil bezogen auf die getrockneten Fleischklößchen

Deklarationsbeispiel:  Zutaten: 15 % Fleischklößchen (mit 120 g Frischfleisch pro 100 g Fleischklößchen)

– Bei Trockensuppen wird verkehrsüblich auch Tomatenpulver im Zutatenverzeichnis als „Tomate" bezeichnet. Die Bezeichnung „Tomatenmark" ist ab einem Trockensubstanzgehalt von 7 % möglich, die Bezeichnung „Tomatenmark, einfach konzentriert" ab einem Trockensubstanzgehalt von 14 %, die Bezeichnung „Tomatenmark, doppelt konzentriert" ab einem Trockensubstanzgehalt von 28 %. Die Umrechnung auf jeweils niedriger konzentriertes Tomatenmark ist zulässig.

– Es empfiehlt sich, für die %-Angabe ganze Zahlen, kaufmännisch gerundet, zu verwenden. Bei Zahlen < 5 % sollte, sofern QUID überhaupt in Betracht kommt, auf halbe %-Schritte kaufmännisch gerundet werden. Bei Werten zwischen 5 % und 10 % kann auf halbe %-Schritte gerundet werden. Bei %-Angaben ab 10 % sollten nur ganze Zahlen angegeben werden.

## 2.3  Fischerzeugnisse

P. UNLAND

### Verpflichtung zur Mengenkennzeichnung von Zutaten

*..., wenn die Bezeichnung der Zutaten oder der Gattung der Zutaten in der Verkehrs-bezeichnung des Lebensmittels angegeben ist.*

Im folgenden sollen nicht nur klassische Fisch-, Krebs- und Weichtiererzeugnisse [1] betrachtet werden, sondern auch Erzeugnisse, die Fische, Krebstiere und Weichtiere, zwar nicht in überwiegenden Anteilen, aber als wertbestimmende Zutaten enthalten, da diese Erzeugnisse ebenfalls in die Systematik dieser Produktgruppe passen[1].

Beispiel 1:

Verkehrsbezeichnung:  Haifisch aus dem Nordatlantik, geschnitten, tiefgefroren,
Füllgewicht:          1000 g

Lebensmittel, die nur aus einer Zutat bestehen, sogenannte Monoprodukte, fallen nicht in den Anwendungsbereich der QUID-Regelung. Die mengenmäßige Angabe der Lebensmittelzutaten ist grundsätzlich nur für die Lebensmittel verbindlich, die mehr als nur eine Zutat enthalten[2]. Für Fischereierzeugnisse, die ohne weitere Zutaten vorverpackt an den Verbraucher abgegeben werden, ist außer der Füllmengenangabe keine weitere Mengenkennzeichnung erforderlich. Solche Erzeugnisse sind besonders in tiefgefrorenem Zustand üblich[3], so zum Beispiel insbesondere Krebstiere in Schale, die nicht glasiert werden, und somit nur aus einer Zutat bestehen.

Beispiel 2:

Verkehrsbezeichnung:  Lachs-Kabeljaufilet-Spieße, tiefgefroren
Füllmenge:            1000 g

Zutaten: Lachsfiletwürfel ( 46 % ), Kabeljaufiletwürfel ( 46 % ), Paprikastücke

Für die in der Verkehrsbezeichnung genannten Zutaten Lachsfilet und Kabeljaufilet ist die mengenmäßige Angabe vorgeschrieben. Während nach bisherigem Recht über die

---

[1] Die Fischhygiene-VO [1] definiert in § 2 Nr. 1, daß Fischereierzeugnisse überwiegend aus Fischen und sonstigen Meeres- oder Süßwassertieren bestehen. Erzeugnisse mit weniger als 50 % Anteil an Fischereierzeugnissen sind demnach gemäß Fischhygiene-VO nicht als Fischereierzeugnisse anzusehen.

[2] Leitlinien, Allgemeine Geltung, Anmerkung 1

[3] zum Thema Quasi-Mono-Produkte siehe Beispiel 1, Seite 47

Deklaration der Fischeinwaage gemäß § 9 Lebensmittelkennzeichnungsverordnung nur der Anteil Fisch insgesamt anzugeben war, muß nunmehr bei Nennung der einzelnen Fischsorten in der Bezeichnung die Menge bezogen auf die einzelne Fischsorte deklariert werden. Das hat für die Hersteller erhebliche Auswirkungen. Während nach bisherigem Recht bei der Herstellung lediglich der Gesamtfischanteil gemäß Fischeinwaage einzuhalten war, muß nun sichergestellt werden, daß die Teilmengen der Einzelsorten den angebenen Mengen entsprechen.

Beispiel 3:

Verkehrsbezeichnung: Meeresfrüchtespieß (65 % Meeresfrüchte)
Zutaten:             Red-Snapper-Filet, Riesengarnelen, Sepien, Paprika, Zwiebeln

Bei Nennung einer Zutatengattung in der Verkehrsbezeichnung ist die mengenmäßige Angabe nur für den Gesamtgehalt der Zutatengattung vorgeschrieben[4]. Die Prozentangabe in dem o.g. Beispiel ist mithin nur für den Gesamtgehalt an Meeresfrüchten erforderlich. Da „Meeresfrüchte" keine für das Verzeichnis der Zutaten zulässige Bezeichnung darstellt, muß die Prozentangabe bei der Verkehrsbezeichnung vorgenommen werden. Alternativ können auch die Einzelmengen der Meeresfrüchte im Verzeichnis der Zutaten angegeben werden. In beiden Fällen wird der Verbraucher über den Gehalt an den kaufentscheidenden Zutaten informiert.

Beispiel 4:

Verkehrsbezeichnung: Fischfrikadelle
Zutaten:             Fisch entgrätet ( 52 % ), entrahmte Milch, modifizierte Stärke, Gewürze, ...

Die Bezeichnung Fisch ist ein zulässiger Klassenname gemäß Anhang I der Richtlinie 79/112/EWG und ist erlaubt für Fisch aller Art, sofern sich Bezeichnung und Aufmachung nicht auf eine bestimmte Fischart beziehen. Die QUID-Angabe kann somit wahlweise bei der Bezeichnung oder im Zutatenverzeichnis bei der Zutat Fisch vorgenommen werden. Entsprechendes gilt für Fischklöße, Fischklopse und Fischbällchen. Gemäß den Leitsätzen für Fische, Krebs- und Weichtiere und Erzeugnisse daraus [3] besteht der Fischanteil der eben genannten Erzeugnisse ausschließlich aus Kabeljau, Schellfisch, Seelachs sowie anderen Gadidenarten oder Seehecht. Die Verwendung oder die Mitverwendung anderer Fischarten wird in Verbindung mit der Ver-

---

[4] s. Leitlinien, Anmerkung 5 b, in den Leitlinien Zutatenklasse statt Zutatengattung

kehrsbezeichnung angegeben. Diese Fischarten sind dann entsprechend § 8 Abs. 1 Nr. 1 des 7. Entwurfs zur Änderung der Lebensmittelkennzeichnungsverordnung vom 17.3.99 mengenmäßig anzugeben.

Beispiel 5:

Verkehrsbezeichnung: Catfischfilet, amerikanischer Wels in Tomatensauce mit Zucchinischeiben
Zutaten: Filet vom amerikanischen Wels (70 %), Tomatensauce (Tomatenpulver, pflanzliches Öl, modifizierte Stärke, Würzmittel), Zucchini, Salz

Für amerikanischen Wels als in der Verkehrsbezeichnung genannte Zutat besteht die Verpflichtung zur Mengenkennzeichnung. Die Prozentanteile der in der Verkehrsbezeichnung genannten zusammengesetzten Zutat Tomatensauce sowie der Zutat Zucchini sind ebenfalls anzugeben[5], sofern nicht einer der Ausnahmetatbestände anzuwenden ist. In diesem Fall sind sicherlich weder die Menge Tomatensauce noch die der Zucchinis kaufentscheidend und müssen deshalb nicht prozentual angegeben werden[6]. Gemäß dem deutschen Leitlinientext der Kommission ist in Fällen, in denen eine Zutat in der zusammengesetzten Zutat genannt wird, diese Zutat ebenfalls prozentual anzugeben. Diese Auslegung ist jedoch als strittig anzusehen. In der englischen Version des entsprechenden Passus in den Leitlinien ist vielmehr von einer Hervorhebung als der bloßen Nennung der Zutat die Rede[7]: Cremefüllung **mit** Eiern. Danach wäre nicht automatisch die in der zusammengesetzten Zutat genannte Zutat, hier Tomatenpulver, prozentual anzugeben. Welche Auffassung sich durchsetzt, bleibt abzuwarten. Sollte die im deutschen Leitlinientext streng formulierte Auslegung der Vorschrift Anwendung finden, muß geprüft werden, ob für die Verpflichtung der Mengenangabe der Zutat in der zusammengesetzten Zutat einer der Ausnahmetatbestände zutrifft. Dabei spielen insbesondere die Ausnahmetatbestände der „geringen Menge zur Geschmacksgebung" und der „unterschiedliche Mengen nicht kaufentscheidend" eine wesentliche Rolle. Im o.g. Beispiel kann der Anteil Tomatenpulver in der Sauce ebenfalls nicht als kaufentscheidend angesehen werden, da das Unterscheidungskriterium zu vergleichbaren Produkten die Konsistenz der Sauce darstellt und nicht die Menge Tomatenpulver.

---

[5] s. Leitlinien, Anmerkung 5, letzter Abschnitt
[6] 7. Entwurf zur Änderung der Lebensmittelkennzeichnungsverordnung vom 17.3.1999, § 8 Absatz 2 Nr. 1 d
[7] s. Leitlinien engl. Fassung: If an ingredient of the compound is mentioned, the percentage must also be given (e.g. biscuits with a cream filling containing eggs)

*..., wenn die Verkehrsbezeichnung darauf hindeutet, daß das Lebensmittel die Zutat oder die Gattung von Zutaten enthält*

Beispiel 1:

| | |
|---|---|
| Verkehrsbezeichnung: | Surimi, Krebsfleischimitat aus Fischmuskeleiweiß geformt |
| Zutaten: | Alaska Pollock (45 %), Wasser, Krebsfleisch, Hühnereiweiß, Stärke, Stabilisatoren ..., Zucker, Aromen, Salz, Reiswein, Gewürze |

Für Zutaten oder Zutatengattungen, die nicht namentlich in der Bezeichnung aufgeführt werden, aber mit dem Erzeugnis vom Verbraucher normalerweise in Verbindung gebracht werden, wird eine mengenmäßige Angabe gefordert. Als Hilfestellung, welche Zutaten oder Zutatengattungen normalerweise vom Verbraucher mit der Verkehrsbezeichnung in Verbindung gebracht werden, könnte es gemäß den Leitlinien nützlich sein, eine zusätzliche beschreibende Bezeichnung für das betreffende Erzeugnis zu finden. Gemäß den Leitsätzen [3] ist Surimi zerkleinertes, mit Wasser gewaschenes Fischmuskelfleisch ohne Faserstruktur. Daraus werden unter Verwendung von Bindemitteln, Zucker, Aromastoffen und auch anderer Zutaten nach Formung Imitate von Krebstier- und Weichtiererzeugnissen hergestellt. Eine gedachte Beschreibung könnte also lauten: Geformte Stäbchen aus Fisch, Bindemitteln und geschmacksgebenden Zutaten. Die in den Leitlinien von der Kommission vorgestellten Beispiele zeigen, daß nicht alle Zutaten, die mit einer Bezeichnung in Verbindung gebracht werden, mengenmäßig anzugeben sind, sondern es ist entsprechend der Intention der QUID-Regelung auf die wesentlichen, kaufentscheidenden Zutaten abzustellen. Entsprechend ist in dem o.g. Beispiel die Menge des Fischanteils anzugeben. Entscheidend ist dabei die Verbrauchererwartung im Vermarktungsland ( so auch Loosen, QUID-Kennzeichnung von Zutaten, ZLR 98 S. 632 ).

Beispiel 2:

| | |
|---|---|
| Verkehrsbezeichnung: | Bouillabaisse |
| Zutaten: | Fischfond, Seehechtfilet (22 %), Zwiebeln, Muschelfleisch (5 %), Shrimps (2.5 %), Paprikaschoten, Gewürze, Tomatenmark, Dill, Estragon, natürliche Aromen, Verdickungsmittel ... |

Eine gedachte Beschreibung für Bouillabaisse könnte sein: „Suppe mit Meeresfrüchten und Gemüse". Vermutlich bringt der Verbraucher keine bestimmten Meeresfrüchte mit der Bezeichnung Bouillabaisse in Verbindung, so daß eine mengenmäßige Angabe des Gesamtanteils Meeresfrüchte als ausreichend im Sinne der Vorschrift anzusehen ist, z.B. Bouillabaisse (Meeresfruchtanteil: 29 %). Alternativ können die einzelnen Meeresfrüchte im Verzeichnis der Zutaten prozentual angeben werden.

Beispiel 3:

Verkehrsbezeichnung: Paella
Zutaten:                    Curcumareis, Alaska Seelachsfilet (15 % ), Shrimps (11%),
                            Erbsen, Zwiebeln, Muschelfleisch (7 %), Gemüsepaprika,
                            Gewürzmischung, Salz, Stärke, Majoran, Knoblauch, Aroma

Als potentielle beschreibende Bezeichnung ist „Spanisches Reisgericht mit Meeresfrüchten und Gemüse" zu formulieren. Die mengenmäßige Angabe ist mithin für die Meeresfrüchte analog Beispiel 2 erforderlich.

Beispiel 4:

Verkehrsbezeichnung: Rollmops
Zutaten:                    Hering, ausgenommen, entgrätet (80 %), Gurken, Essig, Ge-
                            würze ...

Rollmops ist entsprechend den Leitsätzen [3] ein Erzeugnis aus Hering mit darin eingerollten Gewürzen und sonstigen pflanzlichen Beigaben. Entsprechend würde eine gedachte Beschreibung lauten. Als wesentliche Zutat ist der Hering anzusehen, die somit mengenmäßig gekennzeichnet werden muß.

*..., wenn die Zutat oder Gattung von Zutaten auf dem Etikett durch Worte, Bilder oder eine graphische Darstellung hervorgehoben ist.*

Beispiel 1:

Verkehrsbezeichnung: Lachsgratin
Hervorhebung:           mit viel Broccoli und Crème Fraiche
Zutaten:                    Lachsfilet aus Blöcken geschnitten (35 %), Broccoli (10 %),
                            Wasser, Crème Fraiche (8 %), Würzmittel, Zwiebeln, Edamer
                            Käse, Margarine, Weizenmehl, modifizierte Stärke

Wenn eine Zutat oder Zutatengattung außerhalb der Verkehrsbezeichnung hervorgehoben wird, ist eine prozentuale Mengenangabe der Zutat oder Zutatengattung erforderlich. Eine Hervorhebung kann durch stilistische Mittel wie Farbe, Buchstabengröße, graphische Darstellungen oder sonstige Illustrationen erreicht werden. Wichtig ist hierbei, daß weder die Produktabbildung noch eine vollständige Aufzählung aller Bestandteile als Hervorhebung anzusehen ist. Wenn beispielsweise bei einem Mee-

41

resfrüchtesalat alle enthaltenen Meeresfrüchte aufgezählt werden, z. B. Frutti di Mare, enthält Tintenfischtentakeln, Venusmuscheln, Garnelen und Sepien, ist die QUID-Angabe für die Einzelbestandteile der Mischung nicht erforderlich. Im Bereich der Fischereierzeugnisse wird dieser Auslösetatbestand nicht von großer Bedeutung sein, da es sich bei diesen Erzeugnissen zumeist um Monoprodukte, Quasi-Mono-Produkte oder Erzeugnisse in Aufgußflüssigkeiten handelt, wo keine weiteren Bestandteile für eine besondere Hervorhebung in Frage kommen. Bei Erzeugnissen, die unter anderem Fischereierzeugnisse enthalten, sind die wertgebenden Bestandteile in der Regel in der Verkehrsbezeichnung genannt und lösen bereits aufgrund dessen die Verpflichtung zur QUID-Angabe aus.

Beispiel 2:

| | |
|---|---|
| Verkehrsbezeichnung: | Meeresfrüchtespiess (65 % Meeresfruchtanteil) |
| Textliche Hervorhebung: | mit zartem Red Snapper-Filet |
| Zutaten: | Red-Snapper- Filet (45 %), Riesengarnelen, Sepien, Paprika, Zwiebeln |

Der selektive Hinweis auf Red-Snapper-Filet wird als Hervorhebung im Sinne der Vorschrift angesehen und führt zur Verpflichtung der Mengenangabe dieser Zutat.

*..., wenn die Zutat oder Gattung von Zutaten für die Charakterisierung des Lebensmittels und seine Unterscheidung von anderen Lebensmitteln ist, mit denen es aufgrund seiner Verkehrsbezeichnung oder seines Aussehens verwechselt werden könnte.*

Dieser Auslösetatbestand wird in der Praxis selten zur Anwendung kommen. Die Voraussetzung dafür ist, daß die betreffende Zutat oder Zutatengattung nicht schon durch einen der anderen Auslösetatbestände mengenmäßig zu kennzeichnen ist, aber trotzdem von wesentlicher Bedeutung für die Charakterisierung eines Lebensmittels und seine Unterscheidung von anderen Erzeugnissen ist. Die Kommission selbst konnte in ihrem Leitfaden nur zwei Bespiele nennen, die unter diese Katagorie von Erzeugnissen fallen, nämlich Marzipan und Mayonnaise.

## Ausnahmen von der Verpflichtung zur Mengenkennzeichnung

*..., für eine Zutat oder Gattung von Zutaten, deren Abtropfgewicht nach § 11 der Fertigpackungsverordnung angegeben ist.*

Beispiel 1:

| | |
|---|---|
| Verkehrsbezeichnung: | Atlantik-Hummer, gekocht, tiefgefroren |
| Zutaten: | Hummer, Wasser, Salz |
| Füllgewicht: | 1150 g, Abtropfgewicht: 600 g |

Gemäß § 11 Abs. 1 Fertigpackungsverordnung ist bei festen Lebensmitteln in Aufgußflüssigkeiten neben der gesamten Füllmenge auch das Abtropfgewicht anzugeben. Als Aufgußflüssigkeit zählen gemäß § 11 Erzeugnisse, die gegenüber den wesentlichen Bestandteilen der betreffenden Zubereitung nur eine untergeordnete Rolle spielen und deshalb für den Kauf nicht ausschlaggebend sind. Der Aggregatzustand der „Aufgußflüssigkeit" ist nicht von Bedeutung, so gelten auch tiefgefrorene Erzeugnisse als Aufgußflüssigkeit in diesem Sinne[8]. § 11 bleibt auch anwendbar, wenn der Aufgußflüssigkeit, wie im o.g. Beispiel Salz und andere würzende Zutaten zugesetzt werden, die nicht zum Mitverzehr bestimmt sind[9]. Die mengenmäßige Angabe des Hummers ist in dem Fall des o.g. Beispiels nicht erforderlich, da die Menge des Hummers aus den Gewichtsangaben errechnet werden kann[10].

Beispiel 2:

| | |
|---|---|
| Verkehrsbezeichnung: | King Prawns, Riesengarnelen, roh, geschält, glasiert, tiefgefroren |
| Füllmenge: | 200 g, Abtropfgewicht: 170 g |

Bei tiefgefrorenen Garnelen ohne Schale ist eine Glasierung üblich. Die Garnelen werden sofort nach dem Einfrieren mit Wasser besprüht und erhalten so die Glasur, die das empfindliche Fleisch vor Frostbrand schützen soll. Bei Blockfrostung werden die Garnelen in einer Form mit Wasser übergossen und gefroren, sie können auch nur als ganzer Block aufgetaut werden. Diese Glasur ist nicht zum Mitverzehr bestimmt und daher als Aufgußflüssigkeit einzustufen. Die Erzeugnisse sind entsprechend § 11 Fertigpackungsverordnung sowohl mit einem Füllgewicht als auch mit einem Abtropfgewicht deklariert und sind deshalb von der separaten mengenmäßigen Angabe befreit. Entsprechendes gilt für glasierte Fische und Fischerzeugnisse, z.B. Lachsfilet glasiert und Weichtiere.

---

[8] die gemäß Fertigpackungsverordnung als Aufgußflüssigkeit einzustufenden Erzeugnisse entsprechen denen in Anmerkung 12 der Leitlinien genannten Aufgußflüssigkeiten: Wasser, Salzlake, Essig, Frucht- oder Gemüsesäfte in Obst- und Gemüsekonserven, wäßrige Lösungen von Salzen, Genußsäuren, Zucker oder sonstigen Süßungsstoffen.

[9] so auch ZIPFEL, Zipfelkommentar, C 61, § 11, Rdnr. 6a

[10] s. Leitlinien Anmerkung 13

Beispiel 3:

Verkehrsbezeichnung: Meeresfrüchtemischung, glasiert, tiefgefroren
Zutaten: Venusmuscheln, Octopus, Sepienstreifen, Tintenfischtentakeln, Tintenfischringe, Shrimps, Wasser
Füllgewicht: 1100 g, Abtropfgewicht 1000 g

Bei der Zutat Meeresfrüchte handelt es sich um eine Gattung von Zutaten. Die zusätzliche Angabe des prozentualen gewichtsmäßigen Anteils dieser Gattung von Zutaten erübrigt sich, da sich aus den Angaben von Gesamtfüllmenge und Abtropfgewicht der Anteil der Meeresfrüchte errechnen läßt.

Die prozentuale Angabe der einzelnen Meeresfrüchte ist ebenfalls nicht erforderlich, da durch Nennung einer Zutatengattung in der Verkehrsbezeichnung QUID auch nur für die Zutatengattung vorgeschrieben ist.

Beispiel 4:

Verkehrsbezeichnung: Meeresfrüchtemischung, glasiert, tiefgefroren
Textliche Hervorhebung außerhalb der Verkehrsbezeichnung: mit Hummerfleisch
Zutaten: Venusmuscheln, Octopus, Sepienstreifen, Hummerfleisch (17 %), Tintenfischtentakeln, Tintenfischringe, Shrimps, Wasser
Füllmenge: 1100 g, Abtropfgewicht: 1000 g

Werden eine oder mehrere Zutaten in der Bezeichnung genannt oder auf irgendeine Weise hervorgehoben, so sind die betreffenden Zutaten separat mengenmäßig anzugeben[11]. In dem o.g. Beispiel ist deshalb der Anteil Hummerfleisch prozentual zu kennzeichnen. Dieser Anteil kann nicht aus Füllmengen- und Abtropfgewichtsangabe berechnet werden, ist aber aufgrund seiner Hervorhebung gegenüber den übrigen Zutaten als kaufentscheidend anzusehen. Werden alle Zutaten der Meeresfrüchtemischung ergänzend zur Verkehrsbezeichnung aufgeführt, so ist die prozentuale Angabe der einzelnen Meeresfrüchte nicht erforderlich, da es sich um keine Hervorhebung handelt. Gleiches gilt für die Produktabbildung, auf der alle Bestandteile des Erzeugnisses zu sehen sind.

---

[11] s. Leitlinien, Anmerkung 14

Beispiel 5:

Verkehrsbezeichnung: Brathering in würziger Marinade
Nettogewicht:        500 g, Abtropfgewicht: 300 g
Zutaten:             Hering, Zwiebeln, Branntweinessig, Salz, Paniermehl, pflanz-
                     liches Öl, Gewürze

Besonders Fischereierzeugnisse, die in Marinaden angeboten werden, fallen in den Anwendungsbereich dieses Ausnahmetatbestandes. Gemäß den Leitsätzen für Fisch, Krebs- und Weichtiere und Erzeugnisse daraus [3] sind Marinaden Erzeugnisse aus Fischen oder Fischteilen, die ohne Wärmeeinwirkung durch Behandlung mit Essig, Genußsäuren, Salz und auch unter Zufügung sonstiger Zutaten zum Würzen gar gemacht werden. Sie sind mit oder ohne pflanzliche Beigaben in Aufgüssen, Soßen, Öl etc... eingelegt. In der Regel sind Marinaden als Aufgußflüssigkeiten einzustufen. Die folgerichtige Angabe des Abtropfgewichtes führt zur Befreiung der separaten mengenmäßigen Angabe der Zutat Fisch. Auch für Thunfisch im eigenen Saft und Aufguß (Zutaten: Thunfisch, Wasser, Kochsalz) oder Erzeugnisse wie Shrimps in Aufguß ist der Ausnahmetatbestand anwendbar.

Beispiel 6:

Verkehrsbezeichnung: Thunfisch geschnitten in Pflanzenöl
Nettogewicht:        180 g, Fischeinwaage: 150 g
Zutaten:             Thunfisch, Pflanzenöl, Kochsalz

Die Leitlinien[12] sehen für Thunfisch in Öl eine Befreiung von QUID vor, wenn das Nettoabtropfgewicht freiwillig angegeben wird. In der Praxis wird bei in Öl eingelegten Erzeugnissen aber häufig nicht das Nettoabtropfgewicht sondern die Fischeinwaage angegeben. Abtropfgewicht und Fischeinwaage sind per Definition und per Systematik nicht als identisch anzusehen, unterscheiden sich in der Praxis mengenmäßig aber kaum. Vor dem Hintergrund der Intention dieses Ausnahmetatbestandes, die Zutaten von der QUID-Angabe zu befreien, deren Menge aus den Gewichtsanteilen errechnet werden kann[13], dürfte auch bei einem Fischerzeugnis in Öl, bei dem die Fischeinwaage deklariert wird, die Verpflichtung zur QUID-Angabe entfallen.

---

[12] s. Anmerkung 13, letzter Satz
[13] s. Leitlinien Anmerkung 13, erster Satz

*... für eine Zutat oder Gattung von Zutaten, deren Mengenangabe auf dem Etikett bereits vorgeschrieben ist.*

Zum Zeitpunkt des Inkrafttretens der 7. Verordnung zur Änderung der Lebensmittelkennzeichnungsverordnung wird dieser Ausnahmetatbestand für Fischereierzeugnisse keine Bedeutung mehr haben, da gemäß Art. 1 Nummer 6 des Entwurfs der Änderungsverordnung die bis jetzt in § 9 bestehende Verpflichtung der Mengenangabe von Fischen, Krebs- und Weichtieren in Lebensmitteln aufgehoben wird. Die separate Mengenangabe von Fischereierzeugnissen auf dem Etikett bei Lebensmitteln, die außer diesen Tieren noch andere Bestandteile enthalten, ist dann nicht mehr erforderlich; mithin greift die Verpflichtung zur QUID-Angabe.

Sollte die Umsetzung der QUID-Regelung in nationales Recht nach dem 14.2.2000 geschehen, so ist bei Anwendung der Richtlinie strenggenommen neben der Fischeinwaage gemäß § 9 auch die QUID-Angabe erforderlich, da die nach § 9 Lebensmittelkennzeichnungsverordnung erforderliche Teilmengenangabe der Fisch-, Krebs- und Weichtierbestandteile keine gemeinschaftliche, sondern eine nationale Vorschrift darstellt[14]. Es ist aber die Intention der Richtlinie, Zutaten, deren Menge bereits auf dem Etikett angegeben ist, von der QUID-Angabe zu befreien, deshalb muß die Ausnahme auch für Mengen gelten, die aufgrund von nationalen Bestimmungen auf dem Etikett angegeben sein müssen. Diese Sichtweise ist von besonderer Bedeutung für den Export in andere Migliedstaaten der EU, die die Richtlinie bereits umgesetzt haben.

*... für eine Zutat oder Gattung von Zutaten, die in geringer Menge zur Geschmacksgebung verwendet wird.*

Beispiel 1:

Verkehrsbezeichnung:  Achatschnecken nach Elsässer Art, mit Weißwein und Kräuterbutter

Zutaten:  Weißbrot (Weizenmehl, Wasser, Hefe, Salz ) Butter, Achatschneckenfleisch (25 %), Kräuterbutter (20 %, mit Butter, Petersilie, Dill, Knoblauch), Schalotten, Weißwein, Salz,

Achatschnecken als Zutat und Kräuterbutter als zusammengesetzte Zutat sind prozentual anzugeben. Die Kräuter sowie der Weißwein sind in geringer Menge zur Ge-

---

[14] Art. 7 Absatz 3 Buchstabe a zweiter Gedankenstrich der Richtlinie 97/4/EG sieht die Ausnahme nur für Mengenangaben vor, die aufgrund von Gemeinschaftsbestimmungen bereits auf dem Etikett angegeben werden müssen.

schmacksgebung verwendet worden und fallen deshalb unter den Anwendungsbereich von diesem Ausnahmetatbestand. Knoblauch, Kräuter, Gewürze und Aromen sind die typischen Zutaten, die in der Regel durch diesen Ausnahmetatbestand von der Verpflichtung zur Mengenkennzeichnung ausgenommen werden. Aber auch auf andere Zutaten, die in geringer Menge zur Geschmacksgebung eingesetzt werden, wie in dem o.g. Beispiel der Weißwein, ist diese Ausnahme anwendbar. Der unbestimmte Rechtsbegriff der kleinen Menge muß entsprechend dem Sinn und Zweck der Regelung ausgelegt werden, die Festlegung einer maximalen Menge macht deshalb keinen Sinn. So kann gemessen am Würzungsgrad die gleiche Menge Kräuter Eingang in die Rezeptur finden, aber durch wahlweisen Einsatz von getrockneten oder frischen Kräutern kann die Rezepturmenge um eine festgelegte maximale Menge variieren. Im Fall der getrockneten Kräuter wäre die QUID- Angabe dann nicht erforderlich, hingegen aber im Fall der frischen Kräuter.

Beispiel 2:

Verkehrsbezeichnung: Schlemmerfilet à la Bordelaise, aus saftigem Alaska-Seelachs-Filet, grätenfrei, aus Blöcken geschnitten, mit Kräuterauflage

Zutaten: Alaska-Seelachs-Filet (75 %), pflanzliches Fett, Wasser, Zwiebeln, Weizenmehl, Kräuter, Geschmacksverstärker ..., Aroma

Auch hier sind die Kräuter als Zutaten in geringer Menge einzustufen, die somit nach dieser Vorschrift nicht mengenmäßig anzugeben sind.

*... für eine Zutat oder Gattung von Zutaten, die, obwohl sie in der Verkehrsbezeichnung aufgeführt wird, für die Wahl des Verbrauchers nicht ausschlaggebend ist, da unterschiedliche Mengen für die Charakterisierung des betreffenden Lebensmittels nicht wesentlich sind und es nicht von ähnlichen Lebensmitteln unterscheiden.*

Beispiel 1:

Verkehrsbezeichnung: Kaltwassergarnelen, gekocht mit Kopf und Schale, tiefgefroren

Zutaten: Kaltwassergarnelen, Salz

Dieser Ausnahmetatbestand kommt nur zur Anwendung, wenn die Zutat in der Verkehrsbezeichnung aufgeführt wird. Wie Monoprodukte sollten auch Quasi-Mono-Produkte, d.h. Lebensmittel, die im Wesentlichen aus einer Zutat bestehen, von der Verpflichtung zur QUID-Kennzeichnung ausgenommen sein. Gerade im Bereich der

Fischereierzeugnisse sind solche Quasi-Mono-Produkte üblich. Die Mengenangabe von 99 % Garnelen im o.g. Beispiel hat keinen Informationsnutzen für den Verbraucher. Eine QUID-Angabe für die Garnelen ist deshalb nicht erforderlich. In Fällen, wo Salz zum Haltbarmachen von frischen, tiefgefrorenen oder gefrorenen Fischen und Fischteilen oder Krebstiererzeugnissen hinzugesetzt wird, kann der Salzanteil auch entsprechend höher sein. Da die Grenze, ab der ein Produkt als Quasi-Mono-Produkt angesehen werden kann, nicht festgelegt ist, muß bei solchen Erzeugnissen die Entscheidung vom Einzelfall abhängig getroffen werden. Bei einer Lachspaste, die z. B. 4,5 % Bindemittel und 13,5 % Salz enthält, liegt kein Quasi-Mono-Produkt mehr vor. Die Angabe, daß das Erzeugnis 82 % Lachs enthält, hat für den Verbraucher Informationsnutzen.

Beispiel 2:

Verkehrsbezeichnung: Barbecue-Garnelen, pikant gewürzt
Zutaten: Geschälte, entdarmte Garnelen, Würzmittel, Salz, Knoblauch, Paprika, Zitronat, (Garnelenanteil 95 %)

Auch ein solches Produkt ist als Quasi-Mono-Produkt anzusehen. Auch hier sind unterschiedliche Mengen der Garnelen nicht wesentlich für die Charakterisierung des Lebensmittels und unterscheiden es nicht von ähnlichen. Eine Mengenangabe der Garnelen ist deshalb nicht erforderlich. Unterhalb welchem Gewichtsanteil der Hauptzutat ein Erzeugnis nicht mehr als Quasi-Mono-Produkt beurteilt werden kann, muß auch bei solchen Erzeugnissen einzelfallabhängig entschieden werden. Die Entscheidung darüber ist stets vor dem Hintergrund der Intention der QUID-Regelung, den Verbraucher über wertgebende und somit kaufentscheidende Zutaten zu informieren, zu fällen. Quasi-Mono-Produkte mit anderen würzenden Beigaben als Salz sind besonders im Bereich der Fischdauerkonserven üblich. Zum Beispiel sind Fischpasteten, wie Dorschleberpastete mit Dorschleber, Dorschrogen, Salz und Gewürzen ebenfalls als Quasi-Mono-Produkte einzustufen.

Beispiel 3:

Verkehrsbezeichnung: geschälte Riesengarnelen in Backteig, mit Schwanzflosse, tiefgefroren
Zutaten: Geschälte, entdarmte Garnelen mit Schwanzflosse (50 %), Weizenmehl, Wasser, Volleipulver, Salz, Zucker, Pfeffer, Pflanzenöl

Der Backteig als zusammengesetzte Zutat innerhalb der Verkehrsbezeichnung wäre gemäß Art. 7 Absatz 2 Buchstabe a der Richtlinie 97/4/EG mengenmäßig anzugeben.

Aus den nachfolgend dargelegten Gründen kommt der o.g. Ausnahmetatbestand für die Zutat Backteig zur Anwendung. Nicht der mengenmäßige Anteil des Backteiges beeinflußt die Kaufentscheidung des Verbrauchers und ist für die Wahl von vergleichbaren Lebensmitteln von Bedeutung, sondern vielmehr der mengenmäßige Anteil der Garnelen. Gemäß Abschnitt D der Leitsätze für tiefgefrorene Fische, Krebs- und Weichtiere und Erzeugnisse daraus [2] beträgt das Gewicht des eingewogenen Fleisches bei Fischereierzeugnissen in Backteig mindestens 50 % der Nennfüllmenge, bei unregelmäßig geformten kleinmaßigen Erzeugnissen mindestens 40 % der Nennfüllmenge, so z.B. für Garnelenschwänze unter 25 mm Länge und Tintenfischringe unter 40 mm Durchmesser. Aus der hier beschriebenen Mindestanforderung für den Fleischanteil solcher Erzeugnisse in Backteig wird ersichtlich, daß die für den Verbraucher wertgebende, kaufentscheidende Zutat die Meeresfrucht und weniger der Backteig darstellt. Das Unterscheidungskriterium zwischen ähnlichen Erzeugnissen in Backteig ist der mengenmäßige Anteil der Meeresfrucht. Die mengenmäßige Angabe des Backteigs ist deshalb nicht erforderlich. Entsprechendes gilt für Fisch-, Krebs- und Weichtiererzeugnisse in Panade. Auch für diese Erzeugnisse wird in den o.g. Leitsätzen ein Mindestanteil am Fleischanteil beschrieben, 60 % Fischanteil bei großen Fischfilets, hingegen 50 % bei kleinen Fischfilets und unregelmäßig geformten Krebs- und Weichtierteilen. Der Panadeanteil trägt ebenfalls nicht zur Kaufentscheidung bei. Unabhängig davon gehen sowohl der Backteig- als auch der Panadeanteil rechnerisch aus der Differenz zwischen Gesamtfüllgewicht und Fleischanteil hervor.

Beispiel 4:

Verkehrsbezeichnung: gefüllte Forelle: Forelle, entgrätet, mit einer Füllung aus Krabben und Kräutern

Zutaten: entgrätete Forelle (75 %), Krabben (12 %), modifizierte Stärke, Butter, Dill, Petersilie, Salz, Zitronensaft

Der Gesamtgehalt an Füllung als zusammengesetzte Zutat kann in diesem Fall nicht als kaufentscheidend angesehen werden. Entscheidend für die Charakterisierung solcher Erzeugnisse ist der Anteil des Fisches und in diesem Fall der Krabben. Auch bei diesem Beispiel wäre der Anteil der Füllung aus der Differenz zwischen Gesamtgewicht und Forellenanteil zu ermitteln.

## Berechnung und Art und Weise der Kennzeichnung

Beispiel 1 zum Ort der Angabe:

Fischklopse mit 60 % Fisch oder
Fischklopse,
Zutaten: Fisch 60 %, ...........

Es ist grundsätzlich der prozentuale Anteil der zu kennzeichnenden Zutat am Gesamtgewicht der Zutaten in oder in der Nähe der Verkehrsbezeichnung oder im Verzeichnis der Zutaten anzugeben. Was „in der Nähe der Verkehrsbezeichnung" heißt, ist hier nicht näher definiert. „In der Nähe" ist weiter gefaßt als „in Verbindung", jedoch enger gefaßt, als „in einem Sichtfeld". Es besteht grundsätzlich die Wahlmöglichkeit, die Angabe in oder bei der Bezeichnung oder im Verzeichnis der Zutaten vorzunehmen. Die Wahlmöglichkeit wird lediglich dadurch eingeschränkt, daß bestimmte Begriffe, die die Verpflichtung zur QUID-Kennzeichnung ausgelöst haben, keine zulässigen Bezeichnungen für das Zutatenverzeichnis darstellen, wie z. B. Meeresfrüchte oder Muscheln. In solchen Fällen muß die QUID-Angabe in oder bei der Bezeichnung vorgenommen werden[15]. Die Angabe ist dann aber nicht zwingend auf der größten Seite vorzunehmen, sondern es genügt, daß die Angabe einmal mit der gesetzlichen Verkehrsbezeichnung erfolgt[16].

Beispiel 2 zur Berechnungsweise:

Verkehrsbezeichnung:  Heringsfilet mit Pilzcreme
Zutaten:            .   Heringsfilet (60 %), Pilzcreme (40 %, enthält Wasser, pflanzliches Oel, Champignons, Tomatenmark ...), Kräuter, ...

Grundsätzlich wird die prozentuale Angabe der Zutat auf den Zeitpunkt ihrer Verarbeitung bezogen, d.h. die Prozentdeklaration bezieht sich auf die durchschnittlichen Mengenverhältnisse zur Zeit des Anrührens des Erzeugnisses[17]. Von diesem Grundsatz gibt es jedoch Ausnahmen, so zum Beispiel für Erzeugnisse, die während der Herstellung Feuchtigkeit verlieren[18], was eine wasserdampfdurchlässige Verpackung voraussetzt. Bei solchen Erzeugnissen ist die Menge der verwendeten Zutat nach

---

[15] es sei denn, man verzichtet auf die Erleichterung, die mengenmäßige Angabe nur für den Gesamtgehalt der Zutatengattung anzugeben und nimmt die mengenmäßigen Angaben dann bei den Einzelzutaten im Verzeichnis der Zutaten vor.
[16] s. Leitlinien, Anmerkungen 29
[17] entsprechend der rezeptorischen Zusammensetzung
[18] Entwurf zur 7. Änderung der Lebensmittelkennzeichnungsverordnung, § 8 Absatz 4 Nr. 1

ihrem Anteil bezogen auf das Enderzeugnis anzugeben. Wenn also im obengenannten Beispiel 115 g Heringsfilet und 85 g übrige Zutaten eingewogen wurden, dann ergibt das einen Anteil von 57,5 % Heringsfilet zum Zeitpunkt des Anrührens. Durch Erhitzungsprozesse während der Herstellung verliert das Produkt 10 g Wasser. Das Endgewicht, auf das der Heringsfiletanteil zu beziehen ist, beträgt nunmehr 190 g. Daraus resultiert ein Fischanteil von 60 %.

Diese Fallgestaltung wird in der Praxis bei Fischereierzeugnissen selten vorkommen, da bei Erzeugnissen, die während der Herstellung erhitzt werden - z. B. Konserven - wasserdampfundurchlässige Verpackungen zum Einsatz kommen und der Fischanteil im Endprodukt mit dem zum Zeitpunkt des Anrührens übereinstimmt.

Wenn der Anteil der Zutaten, die mengenmäßig anzugeben sind, durch den oben beschriebenen Feuchtigkeitsverlust des Endproduktes 100 % übersteigt, muß die Angabe der Zutaten in Gramm bezogen auf 100 g Enderzeugnis vorgenommen werden.

**Tab. 2.7 Beispiele zur QUID-Kennzeichnung für Fischereierzeugnisse im Überblick**

| Verkehrsbezeichnung | Zutatenverzeichnis | Rechtsgrundlage, Entwurf zur 7. Änderung der LMKV |
|---|---|---|
| Haifisch, geschnitten, tiefgefroren | | kein QUID, da Monoprodukt |
| Kaltwassergarnelen, gekocht mit Kopf und Schale, tiefgefroren | Kaltwassergarnelen, Salz | kein QUID, da Quasi-Mono-Produkt § 8 Absatz 2 Nr. 1d |
| Lachs-Kabeljaufilet-Spieße | Lachsfilet (46 %), Kabeljaufilet (46 %), Paprikastücke, ... | § 8 Absatz 1 Nr. 1 |
| Meeresfrüchtespieß (65 % Meeresfrüchte ) | Red-Snapper-Filet, Riesengarnelen, Sepien, Paprika, Zwiebeln | § 8 Absatz 1 Nr. 1 |
| Fischfrikadelle | Fisch entgrätet (52 %), entrahmte Milch, Stärke, ... | § 8 Absatz 1 Nr. 1 |

**Tab. 2.7 (Fortsetzung)**

| Verkehrsbezeichnung | Zutatenverzeichnis | Rechtsgrundlage, Entwurf zur 7. Änderung der LMKV |
|---|---|---|
| Catfischfilet, amerikanischer Wels in Tomatensauce mit Zucchinischeiben | Filet vom amerikanischen Wels (70 %), Tomatensauce, Zucchini, Salz | § 8 Absatz 1 Nr. 1 |
| Surimi, Krebsfleischimitat aus Fischmuskeleiweiß geformt | Alaska Pollock (45 %), Wasser, Krebsfleisch, Hühnereiweiß, Stärke, Stabilisatoren, ... | § 8 Absatz 1 Nr. 2 |
| Bouillabaisse | Fischfond, Seehechtfilet (22 %), Zwiebeln, Muschelfleisch (5 %), Shrimps (2.5 %), Paprikaschoten, ... | § 8 Absatz 1 Nr. 2 |
| Rollmops | Hering, ausgenommen, entgrätet (80 %), Gurken, Essig ,... | § 8 Absatz 1 Nr. 2 |
| Meeresfrüchtespieß (65 % Meeresfruchtanteil) mit zartem Red-Snapper-Filet | Red-Snapper-Filet (45 %), Riesengarnelen, Sepien, Paprika, ... | § 8 Absatz 1 Nr. 3 (betr. Red Snapper) |
| Atlantik-Hummer, gekocht, tiefgefroren, Füllgewicht 1250 g Abtropfgewicht: 600 g | Hummer, Wasser, Salz | kein QUID § 8 Absatz 2 Nr. 1a |
| Meeresfrüchtemischung, glasiert, tiefgefroren, Füllgewicht: 1100 g Abtropfgewicht: 170 g | Venusmuscheln, Octopus, Sepienstreifen, Tintenfischtentakeln, Tintenfischringe, Shrimps, Wasser | kein QUID § 8 Absatz 2 Nr. 1a |

**Tab. 2.7 (Fortsetzung)**

| Verkehrsbezeichnung | Zutatenverzeichnis | Rechtsgrundlage, Entwurf zur 7. Änderung der LMKV |
|---|---|---|
| Brathering in würziger Marinade<br>Nettogewicht: 500 g<br>Abtropfgewicht: 300 g | Hering, Zwiebeln, Branntweinessig, Salz, Paniermehl, pflanzliches Öl, Gewürze | kein QUID<br>§ 8 Absatz 2 Nr. 1a |
| Thunfisch geschnitten in Pflanzenöl<br>Nettoeinwaage: 180 g<br>Fischeinwaage: 150 g | Thunfisch, Pflanzenöl, Salz | kein QUID<br>§ 8 Absatz 2 Nr. 1b |
| Schlemmerfilet à la Bordelaise, aus saftigem Seelachsfilet, grätenfrei, aus Blöcken geschnitten mit Kräuterauflage | Alaska-Seelachsfilet (75 %), pflanzliches Fett, Wasser, Zwiebeln, Weizenmehl, Kräuter, ... | § 8 Absatz 2 Nr. 1c |
| Riesengarnelen im Backteig, tiefgefroren | geschälte entdarmte Garnelen (50 %), Weizenmehl, Wasser, Volleipulver, Salz, Zucker | § 8 Absatz 2 Nr. 1d (betr. Backteig) |
| Garnelen in Knusperpanade, tiefgefroren | Garnelen (50 %), Weizenmehl, Paniermehl, Wasser, Salz, ... | § 8 Absatz 2 Nr .1d (betr. Panade) |

## Literatur

[1] Fleischhygieneverordnung vom 31.3.1994, BGBl. 1 S. 734 in der Fassung der Änderungsverordnung vom 7.7.1998, BGBl. 1 S. 1897

[2] Leitsätze für tiefgefrorene Fische, Krebs- und Weichtiere und Erzeugnisse daraus, Bundesanzeiger

[3] Leitsätze für Fische, Krebs- und Weichtiere und Erzeugnisse daraus, Bundesanzeiger

# 2.4 Fleischwaren

G. HILSE

## Verpflichtung zur Mengenkennzeichnung von Zutaten

*..., wenn die Bezeichnung der Zutat oder der Gattung von Zutaten in der Verkehrsbezeichnung des Lebensmittels angegeben ist.*

Die quantitative Angabe von Zutaten (QUID: Quantitative Ingredients Declaration) wird nach der EG-Richtlinie 79/112/EWG zunächst grundsätzlich für alle Lebensmittel gefordert. Dies gilt auch für Fleischerzeugnisse, die in der Regel aus der Gattung von unterschiedlichen Zutaten hergestellt werden. Es gibt aber auch Ausnahmen, wenn Fleischerzeugnisse weitgehend nur aus einer gewachsenen Zutat bestehen (Monoprodukte), hierzu zählen beispielsweise die Rohschneider (z.B. Rohschinken). Die mengenmäßige Angabe des Fleischgehalts bei einem Rohschinken bietet dem Verbraucher nur einen sehr begrenzten Informationswert, weil diese Fleischerzeugnisse lediglich Salz und Gewürze in geringen Mengen enthalten. Die EG-Kommission hat sich jedoch nicht dazu durchringen können, verbindliche Normen festzulegen, wie bei den vorverpackten Fleischwaren im einzelnen festgestellt werden soll, welche Zutaten quantitativ anzugeben sind und wie ein Monoprodukt sicher abgegrenzt wird. Diese Lücke sollen die nationalen Regierungen nach der geltenden Verkehrsauffassung ausfüllen. Für Deutschland wären dies die Leitsätze für Fleisch und Fleischerzeugnisse („Leitsätze"), die Fleisch-VO und die Fleischhygiene-VO, die für diese Entscheidung herangezogen werden können. Man muß allerdings beachten, daß mit der QUID-Angabe auch die national geforderte mengenmäßige Angaben in Ziff. 2.11 der „Leitsätze" (z.B. prozentuale Angabe des Geflügelfleisches) und des § 3, Abs. 2, 2a und 2b der Fleisch-VO fristgerecht dem übergeordneten EG-Recht anzupassen sind. Wenn ohnehin nach dem EG-Kennzeichnungsrecht eine mengenmäßige Angabe der kaufentscheidenden Bestandteile für die vorverpackte Ware erforderlich ist, bleibt für eine nationale vorgeschriebene zusätzliche mengenmäßige Angabe von einzelnen Rezepturbestandteilen kein Raum mehr. Für Anbieter aus den europäischen Mitgliedsländern sind nationale Vorgaben über Mengenangaben bei der vorverpackten Ware nach Einführung der QUID-Regelung im europäischen Recht ohnehin bedeutungslos.

Ebenfalls wird man sich aber auch nicht auf den Standpunkt stellen können, daß die in den „Leitsätzen" beschriebenen Verkehrsbezeichnungen den deutschen Verbrauchern in allen Einzelheiten so bekannt sind, daß eine quantitative Angabe einzelner Komponenten nicht erforderlich sei. Die „Leitsätze" beschreiben Mindestnormen, sie können und werden von den Herstellern überschritten. Darüber hinaus soll die quantitative Angabe wertbestimmender Rezepturbestandteile dem europäischen Konsumenten den Einkauf bei der vorverpackten Ware erleichtern und zu einem fairen Wettbewerb innerhalb der Europäischen Union beitragen. Diese zusätzlichen mengenmäßigen Angaben führen allerdings zu weiteren Belastungen der vorverpackten Ware. Ein vergleichbarer Informationsstand wird bei der losen Ware nicht erreicht, obwohl diese Angebotsform immer noch einen Marktanteil von mehr als 50 % bei den Fleischwaren auf sich vereint. Die hinreichende Unterrichtung des Verbrauchers über diese Angebotsform bleibt den nationalen Regierungen überlassen. Bei den bestehenden Schwierigkeiten der Informationsvermittlung im Laden wird man sich wahrscheinlich wieder auf die fiktive Möglichkeit des intensiven Verkaufsgesprächs zurückziehen.

Angesichts der bestehenden rechtlichen Unsicherheiten muß sich die deutsche Definition für Fleisch an der geltenden Verkehrserwartung und den „Allgemeinen Leitlinien für die Umsetzung des Grundsatzes der mengenmäßigen Angabe der Lebensmittelzutaten" („Allgemeine Leitlinien", vgl. Anhang) orientieren. Dies sind in erster Linie die Festlegungen, wie sie in Ziff. 1.1 der „Leitsätze" beschrieben worden sind. Verkürzt lauten sie: Skelettmuskulatur, ggf. mit eingelagertem oder anhaftendem Begleitgewebe (z. B. Fett- und Bindegewebe). Mit dieser Abgrenzung zählen Blut, Blutserum, Därme, Innereien und Sehnen nicht zum Fleisch, sofern sie nicht Bestandteil oder anhaftende Teile des Rohstoffes Fleisch sind. Eine Begrenzung des Fettgehalts ist in dieser Definition nicht enthalten. Es ist deshalb unerheblich, ob beispielsweise ein Hersteller zur Fleischwarenproduktion fette oder magere Schweinebäuche einsetzt. Ebenfalls können nach der Standardisierung dem Magerfleisch Fett- und Bindegewebsteile in einer Menge zugesetzt werden, die dem ursprünglichen Ausgangsmaterial entspricht (vgl. Ziff. 1.1, dritter Absatz der „Leitsätze"). In den übrigen EU-Ländern wird man sich auf andere Fleischdefinitionen einigen. Schon nach kurzer Zeit dürften diese unterschiedlichen nationalen Festlegungen zu Handelshemmnissen führen, weil der Verbraucher in dem Empfängerland diese Unterschiede nicht kennt und für die Hersteller Wettbewerbsverzerrungen auftreten werden. Die EU-Kommission wird sich mit dieser Frage erneut befassen müssen, zumal die amtliche Überwachung in den verschiedenen EU-Mitgliedsländern Abweichungen in diesem Punkt nicht tolerieren wird.

Die Rohstoffe Schweine- und Rindfleisch (einschl. Kalbfleisch) sind nach Ziff. 2.11 der „Leitsätze" gegeneinander austauschbar. Eine gemeinsame quantitative Angabe dieser drei Rohstoffe unter dem Namen Fleisch in einer prozentualen Ziffer ist somit möglich. Inzwischen wird jedoch in erheblichen Mengen auch Geflügelfleisch in Fleischwaren verarbeitet, so daß die in Ziff. 2.11 der „Leitsätze" geforderte Kenntlichmachung dieser Fleischart in Verbindung mit der Verkehrsbezeichnung nach Einführung der QUID-Regelung in der Europäischen Union nicht mehr bei der vorverpackten Ware verlangt werden kann. Im übrigen hat man schon früher in den „Leitsätzen" auf eine besondere Kenntlichmachung von Schaffleisch bis zu 5,0 % verzichtet, dies entsprach den damaligen Rezepturzusammenstellungen (vgl. Ziff. 2.11 der „Leitsätze"). Bei der Verarbeitung von Geflügelfleisch hat sich im Laufe der Zeit ein ähnlicher Prozeß vollzogen, die „Leitsätze" müssen in diesem Punkt den neuen Marktgegebenheiten angepaßt werden. In den „Allgemeinen Leitlinien" sind bei den Beispielen, wie „Königsberger Klopse" und „Cassoulet", keine Differenzierungen der einzelnen Fleischarten vorgenommen worden, so daß auch die EU-Kommission die gemeinsame Angabe verschiedener Fleischarten in einer Prozentangabe als ausreichend ansieht. In der Zutatenliste müssen allerdings die einzelnen Fleischarten auch weiterhin getrennt ohne mengenmäßige Angabe deklariert werden.

Dem deutschen Verbraucher sind die Austauschvorgänge bei der Rezepturzusammenstellung bekannt, dies ist in den „Leitsätzen" ausdrücklich für vier Fleischarten (Rind-, Kalb-, Schweine- und Schaffleisch) eingeräumt worden, das Geflügelfleisch kann man auch zu dieser Gattung von Zutaten zählen, nach dem dieser Rohstoff zunehmend zur Fleischwarenherstellung eingesetzt wird. Werden allerdings für den Verbraucher völlig unerwartete Fleischarten, wie Straußenfleisch verwendet, dann muß dies in der Verkehrsbezeichnung oder durch eine besondere Kenntlichmachung deutlich gemacht werden. Erfolgt in der Verkehrsbezeichnung ein Hinweis auf diese abweichenden Rohstoffe, dann müssen sie auch prozentual gesondert angegeben werden.

In der EG-Richtlinie über Ausnahmen (Richtlinie 1999/10/EG, Anhang) von Artikel 7 der Richtlinie 79/112/EWG wird abweichend von Artikel 7, Abs. 4 festgelegt: Zutaten, die vor ihrer Verwendung in der Rezeptur Wasser verloren haben, können mit dem ursprünglichen frischen Ausgangsgewicht angegeben werden. Dies ist dann gegeben, wenn beispielsweise vorgegartes oder gefriergetrocknetes Fleisch verwendet wird. Darüber hinaus ist bei Erzeugnissen, die während der Herstellung Feuchtigkeit verlieren, die Berechnung des frischen Rezepturanteils (z.B. Frischfleisch) auf das Endprodukt vorzunehmen. In § 8 Abs.4 der Änderung der Lebensmittelkennzeichnungs-Verordnung (s. Anhang ...) ist diese EG-Vorschrift in das deutsche Recht umgesetzt worden. Bei dieser Betrachtungsweise ist es nicht entscheidend, ob es sich um rezeptureigenes oder zugesetztes Wasser handelt. Ebenfalls gibt es keine Festlegungen, wie hoch der Feuchtigkeitsverlust durch den Verarbeitungsprozeß sein muß, um diese Regelung in Anspruch zu nehmen. Da viele Fleischerzeugnisse durch die Bearbeitungsprozesse Wasser verlieren - sieht man von der Verwendung eines Sterildarms, eines Glases, einer Aluminiumfolie oder einer Dose ab -, ist der Fleischanteil zum Zeitpunkt der Rezepturzusammenstellung in den meisten Fällen auf das Endprodukt zu beziehen. Bei wasserdampfundurchlässigen Verpackungen mit nachfolgender Erhitzung entspricht der Fleischgehalt im Endprodukt dem der Rezepturzusammenstellung, weil keine Feuchtigkeit verloren gehen kann.

In den Beratungen der EU-Kommission zu dieser Problematik wurden bewußt die Begriffe „humidité" und „moisture" und nicht der Begriff Wasser gewählt, um mögliche Diskussionen über Eigen- und Fremdwasser zu vermeiden. Die deutsche Übersetzung der EG-Richtlinie enthält nicht den zutreffenden Begriff. Man kann sich im Zweifelsfall aber auf den französischen oder englischen Text berufen. In der deutschen Umsetzung dieser EG-Richtlinie in die Lebensmittelkennzeichnungs-Verordnung wurde in § 8 Abs. 4 Ziff. 1 der Begriff der Feuchtigkeit wieder aufgegriffen.

Diese Berechnung führt allerdings bei abgetrockneten Rohwürsten zu Fleischangaben, die über 100 % liegen. Für viele Verbraucher wären solche Angaben unverständlich. Die EU-Kommission hat deshalb für Produkte mit höheren Abtrocknungsverlusten vorgeschrieben, die mengenmäßige Angabe nicht in Prozent, sondern in 100 g vorzunehmen (z.B. 100 g Salami entsprechen 120 g Fleisch). Diese Vorschrift ist in § 8 Abs. 4 Ziff1 der Lebensmittelkennzeichnungs-Verordnung eingeführt worden. Eine solche Fleischangabe kann sich jedoch bei wasserdampfdurchlässigen Verpackungen (z.B. Zellglas) nur auf den Zeitpunkt des Abschlusses der Herstellung beziehen. Nachträgliche Abtrocknungsverluste auf dem Weg zum Verbraucher können vom Hersteller nicht berücksichtigt werden.

Die für die Berechnung der mengenmäßigen Angabe eingeräumten Toleranzen können sich an den Regelungen der Fertigpackungs-VO orientieren, weil es sich hier um Gewichtsfeststellungen handelt. Die Angaben sollen zweistellig vorgenommen werden, wobei dann auch eine mathematische Rundung erfolgen sollte.

*..., wenn die Verkehrsbezeichnung darauf hindeutet, daß das Lebensmittel die Zutat oder die Gattung von Zutaten enthält.*

Einige deutsche Fleischwaren enthalten in den Verkehrsbezeichnungen Hinweise auf Rohstoffe, die im Produkt gar nicht enthalten sind. Hierzu zählen beispielsweise die Teewürste, die Bierwurst und die Bierkugeln (sogenannte Scheinbestandteile). Bei diesen Produkten ist der Fleischgehalt anzugeben.

Es gibt aber auch Verkehrsbezeichnungen deutscher Fleischwaren, in denen auf einen bestimmten Rohstoff aufmerksam gemacht wird. Beispiele hierfür sind Rindersalami und Leberwurst. Diese Verkehrsbezeichnungen weisen zwar auf einen bestimmten Rohstoff hin, aber sie werden nicht ausschließlich oder überwiegend aus diesen in der Verkehrsbezeichnung angesprochenen Rohstoffen hergestellt. Eine vorgeschriebene quantitative Festlegung der einzelnen Rohstoffarten ist in den „Leitsätzen" nicht enthalten, jedoch müssen die analytisch vorgegebenen Werte beachtet werden. Bei Verkehrsbezeichnungen im Bereich der Fleischwirtschaft mit einem Hinweis auf einen Rohstoff ist die quantitative Angabe auf den hervorhebenden Hinweis abzustellen. Der Hersteller wird jedoch im eigenen Interesse den gesamten Fleischanteil angeben, um einen ähnlich hohen Gesamtfleischanteil auszuweisen wie vergleichbare Fleischerzeugnisse. Bei einem hervorhebenden Hinweis auf ein Fleischerzeugnis, z. B. Pizza mit Schinken, ist der quantitative Schinkenanteil anzugeben (vgl. „Allgemeine Leitlinien", Anhang ...). Ebenfalls sind fleischfremde Zutaten mengenmäßig anzugeben, wenn sie in der Verkehrsbezeichnung genannt sind. Als Beispiel hierfür kann die Fleischwurst mit Champignoneinlagen angesehen werden. In diesem Fall wäre der quantitative Fleisch- und Champignonanteil anzugeben. Die quantitative Angabe feinzerkleinerter Pilzzugaben, die vom Verbraucher nicht erkannt werden können, bestand bereits nach den Vorschriften der deutschen Fleisch-VO.

Wenn jedoch die mengenmäßige Angabe in Zusammenhang einzelner Bestandteile anhand der Zutatenliste erfolgt, muß die Einzelangabe nach Fleischarten getrennt vorgenommen werden. Eine solche Lösung schränkt aber die Anpassung der Rezepturen an unterschiedliche Preisentwicklungen auf den Rohstoffmärkten erheblich ein, weil dann eine Korrektur der Etiketten an die veränderte Rohstoffzusammensetzung erforderlich wird.

Bei den Leberwürsten dominiert quantitativ der Fleischgehalt, aber die Leber wird in der Verkehrsbezeichnung angesprochen. Die Hersteller werden in diesen Fällen sicherlich aus Wettbewerbsgründen auch den übrigen Fleischgehalt angeben. Die Einordnung der Kalbsleberwurst (vgl. Ziff. 2.2312.1 der „Leitsätze") in die QUID-Regelung wird erneut für Diskussionsstoff sorgen. Nach den „Leitsätzen" muß die Kalbsleberwurst keine Kalbsleber enthalten. Auf diese Festlegung hat sich die Lebensmittelbuch-Kommission geeinigt. Kalbsleberwurst muß aber mit Kalb- oder Jungrindfleisch hergestellt werden. (Nach Ziff. 2.11 Abs. 2 der „Leitsätze" sind mindestens 15 % Kalb- oder Jungrindfleisch einzusetzen). Die mengenmäßige Angabe bei der Kalbsleberwurst ist schwierig, weil dieses Erzeugnis in der Regel einen Scheinbestandteil (z. B. Kalbsleber) enthält. Die Angabe des gesamten Fleischgehalts und die zusätzliche Angabe der Schweineleber scheint ein Lösungsweg zu sein.

Bei den Blutwürsten sind für die Kaufentscheidungen der Verbraucher die Einlagen bedeutend. Das ist auch das qualitative Abgrenzungsmerkmal in den „Leitsätzen". Diese Bestandteile wurden in den „Leitsätzen" beschrieben. Die quantitative Angabe der Fleischeinlagen (Rind-, Kalb-, Schweine- und Geflügelfleisch) ist bei diesen Produkten erforderlich, der Blutanteil muß nicht mengenmäßig angegeben werden. Wenn jedoch für den Verbraucher seltene Fleischarten (z. B. Straußenfleisch) eingesetzt werden, dann ist eine besondere Kenntlichmachung dieser Rohstoffe erforderlich.

Bei den Sülzen und den Fleischwaren in Aspik muß die quantitative Fleischangabe vorgenommen werden. In der Regel werden hierbei vorerhitzte Fleischarten eingesetzt, die dann in das frische Fleisch umgerechnet und so prozentual auf das Endprodukt bezogen werden können.

*..., wenn die Zutat oder die Gattung von Zutaten auf dem Etikett durch Worte, Bilder oder eine graphischen Darstellung hervorgehoben ist.*

Bei den vorverpackten Fleischwaren werden Abbildungen des Produktes vielfach gar nicht vorgenommen, weil die durchsichtigen Packungen dominieren und die Verbraucher das enthaltene Erzeugnis unmittelbar erkennen können. Abbildungen von einzelnen ausgewählten Zutaten werden von Herstellern auf undurchsichtigen, bedruckten Folien oder Dosen dargestellt. In diesen Fällen wäre die gesamte Fleischangabe erforderlich, sie müßte jedoch ohnehin erfolgen, sofern nicht Ausnahmetatbestände (z. B. Monoprodukte) gelten.

Bei Lebensmitteln, die Fleischwaren enthalten, welche auf den Etiketten abgebildet oder durch Worte hervorgehoben werden, müssen diese Fleischwaren prozentual in der Verkehrsbezeichnung oder der Zutatenliste angegeben werden, sofern kein Ausnahmetatbestand greift. In den „Allgemeinen Leitlinien" wird bei einer Pizza mit Schinken die mengenmäßige Angabe des Schinkens gefordert.

*..., wenn die Zutat oder Gattung von Zutaten von wesentlicher Bedeutung für die Charakterisierung des Lebensmittels und seine Unterscheidung von anderen Lebensmitteln ist, mit denen es aufgrund seiner Verkehrsbezeichnung oder seines Aussehens verwechselt werden könnte.*

Bei den Fleischwaren könnte diese Anforderung der quantitativen Angabe bei den Kochpökelwaren von Bedeutung sein. Die zugelassenen Ausbeutesätze bei diesen Fleischerzeugnissen weichen in den europäischen Mitgliedsländern stark voneinander ab. In der Regel sind diese Differenzen in der Verkehrsbezeichnung für den Verbraucher nicht sichtbar. Die Hersteller von traditionellen Kochpökelwaren haben ebenfalls keine Möglichkeit, ihre anders hergestellten Erzeugnisse von den ausbeutestarken Angeboten abzuheben. Der Fleischgehalt ist für die Charakterisierung dieser Produktgruppe von Bedeutung.

Diese Notwendigkeit wird aber auch im Bereich des Lebensmittelrechts zu neuen Produktentwicklungen führen, weil die weitergehende Fleischangabe dem Konsumenten bei der vorverpackten Ware eine umfassendere Bewertung erlaubt (vgl. Entscheidung des Europäischen Gerichtshofes, Rechtssache C-383/97 vom 09.02.1999). In dieser Entscheidung wurde ein holländischer Kochschinken mit vergleichbar niedrigem Fleischgehalt als verkehrsfähig für Deutschland eingestuft, sofern eine sichere Beurteilung durch den Verbraucher gewährleistet ist. Dies wäre beispielsweise durch die Fleischangabe, eine vollständige Zutatenliste, den Hinweis auf den Formfleischcharakter und eine Verkehrsbezeichnung, die den abweichenden Charakter dieses Fleischerzeugnisses von heimischen Produkten deutlich macht, erfüllt.

## Ausnahmen von der Verpflichtung zur Mengenkennzeichnung

*... für eine Zutat oder Gattung von Zutaten, deren Abtropfgewicht nach § 11 der Fertigpackungsverordnung angegeben ist.*

Eine Ausnahme von der Angabe der Zutat oder Gattung von Zutaten ist dann gegeben, wenn das Abtropfgewicht anzugeben ist. Dies gilt nach den bisherigen Auskünften nicht, wenn das Erzeugnis aus Zutatenmischungen besteht und sich die einzelne Zutat nicht aus den übrigen Gewichtsangaben errechnen läßt. Bei Produkten, die aus einer einheitlichen Rohstoffbasis (z. B. Ananas in Sirup, Thunfisch im eigenen Saft, Sauerbraten in Gewürzlake) zusammengesetzt sind, könnte der Verbraucher den Inhalt unmittelbar erkennen. Bei Würstchen in der Lake wäre demnach auch eine QUID-Angabe erforderlich. Es müßten bei dieser Auslegung demnach das Abtropfgewicht, die QUID-Angabe und die Zutatenliste bei diesen Produkten vorgenommen werden.

*... für eine Zutat oder Gattung von Zutaten, deren Mengenangabe bereits auf dem Etikett durch eine andere Rechtsvorschrift vorgeschrieben ist.*

Die national geforderten mengenmäßigen Angaben bei der vorverpackten Ware werden durch die QUID-Regelung ersetzt. Darüber hinaus ist in der EG-Richtlinie 97/76/EG vorgesehen, daß die Verwendung von Stärke, tierischem und pflanzlichem Eiweiß in Verbindung mit der Verkehrsbezeichnung nur dann erforderlich ist, wenn in den jeweiligen EU-Staaten eine Verwendung zu anderen als technologischen Zwecken erlaubt ist. Der Zusatz der vorgenannten Stoffe zur Fleischwarenproduktion ist immer mit technologischen Wirkungen verbunden, so daß nach Umsetzung dieser EG-Richtlinie eine Kenntlichmachung in Verbindung mit der Verkehrsbezeichnung nach § 3, Abs. 2a der Fleisch-V.O. auch in Deutschland in den meisten Fällen bei der vorverpackten Ware nicht gefordert werden kann. In der Zutatenliste sind die Stoffe allerdings vollständig aufzuführen.

61

*... für eine Zutat oder Gattung von Zutaten, die in geringer Menge zur Geschmacksgebung verwendet wird.*

Zur Abgrenzung dieser Produkte hat die EU-Kommission in ihren „Allgemeinen Leitlinien" lediglich Hinweise zur Verwendung von Gewürzen gegeben. Die Festlegung des Begriffes „kleine Menge" soll von den Mitgliedsstaaten vorgenommen werden. Produkte, die nur mit kleinen Mengen behandelt worden sind, weisen weitgehend eine einheitliche Struktur in der Zusammensetzung auf. Diese Erzeugnisse werden auch als Monoprodukte bezeichnet. Die EG-Kommission hat hierfür in den „Allgemeinen Leitlinien" Knoblauchbrot, Chips mit Krabbenaroma genannt. Ebenfalls zu dieser Gruppe zählen die Rohschneider und die traditionell gefertigten Kochpökelwaren, die nach den Vorschriften der „Leitsätze" hergestellt worden sind.

Bei ummantelten Würsten mit Käse, Trockenfrüchten, Gewürzen muß im Einzelfall geprüft werden, ob eine gesonderte Angabe dieser Komponente erforderlich ist. Es handelt sich hierbei um zwei Lebensmittel, die nach ihrer Fertigstellung zusammengefügt werden. In der Regel ist jedoch nicht zu erwarten, daß bei den ummantelten Rohwürsten eine gesonderte Fleisch- und Lebensmittelangabe gefordert werden kann, weil die im Mantel enthaltenen Lebensmittel eine würzende, geschmackgebende Funktion haben und lediglich in kleinen Mengen zugesetzt werden.

*... für eine Zutat oder Gattung von Zutaten, die, obwohl sie in der Verkehrsbezeichnung aufgeführt wird, für die Wahl des Verbrauchers nicht ausschlaggebend ist, da unterschiedliche Mengen für die Charakterisierung des betreffenden Lebensmittels nicht wesentlich sind und es nicht von ähnlichen Lebensmitteln unterscheiden.*

Dieses Abgrenzungsmerkmal hat für das fleischverarbeitende Gewerbe nur eine untergeordnete Bedeutung. So gibt es beispielsweise eine Schnittlauchleberwurst, eine Sardellenleberwurst oder eine Rosinenleberwurst. Für die Kaufentscheidung des Verbrauchers sind diese Hinweise nicht entscheidend, sie dienen letztlich nur dazu, eine bestimmte Geschmacksrichtung aufzuzeigen. Eine quantitative Angabe dieser würzenden Zutaten würde dem Konsumenten keinen höheren Informationswert geben, weil er die geschmackliche Wirkung einzelner dieser Komponenten selbst mit einer mengenmäßigen Angabe nicht abschätzen kann.

*..., wenn in Rechtsvorschriften die Menge der Zutat oder der Gattung von Zutaten konkret festlegt, deren Angabe auf dem Etikett aber nicht vorgesehen ist.*

Im Rahmen der Fleischwarenherstellung gibt es keine festgelegten Rezepturvorschriften, die eine bestimmte Menge der Zutat oder einer Klasse von Zutaten vorschreibt. Es handelt sich bei den Festlegungen in den „Leitsätzen" um die Beschreibung von

Mindestnormen, die jeder Hersteller überschreiten kann. Die in dieser Vorschrift festgelegte Ausnahme ist für die Fleischwarenherstellung somit nicht von Bedeutung.

## Berechnung und Art und Weise der Kennzeichnung

Beispiel 1: Jagdwurst, 81 % Fleisch

| | |
|---|---|
| 42,500 kg | Schweinefleisch 2 |
| 30,000 kg | Schweinefleisch 5 |
| 10,000 kg | Schweinefleisch 6 |
| 5,000 kg | Geflügelfleisch |
| 17,5000 kg | Eisschnee |
| 2,400 kg | Zutaten (Gewürze, Salze) |
| 107,400 kg | Rohmaterial, Verkaufsgewicht, Sterildarm |

$$\frac{87,500 \times 100}{107,400} = 81,47 \%$$

Beispiel 2: Wiener Würstchen in der Folie, 86 % Fleisch

| | |
|---|---|
| 10,000 kg | Rindfleisch 2 |
| 35,000 kg | Schweinefleisch 3 |
| 10,000 kg | Schweinefleisch 6 |
| 25,000 kg | Schweinefleisch 9 |
| 5,000 kg | Geflügelfleisch (85,000 kg Fleisch) |
| 20,000 kg | Eisschnee |
| 1,800 kg | Nitritpökelsalz |
| 0,250 kg | Zutaten (Gewürze) |
| 107,050 kg | Rohmaterial |
| − 8,564 kg | Erhitzungsverlust (− 8 %) |
| 98,486 kg | Verkaufsgewicht |

$$\frac{85,000 \times 100}{98,486} = 86,31 \%$$

Beispiel 3: Wiener Würstchen im Glas, 83 % Fleisch

| | |
|---|---|
| 10,000 kg | Rindfleisch 2 |
| 35,000 kg | Schweinefleisch 3 |
| 25,000 kg | Schweinefleisch 9 |
| 10,000 kg | Schweinefleisch 6 (80,000 kg Fleisch) |

| | |
|---|---|
| 20,000 kg | Eisschnee |
| 1,800 kg | Nitritpökelsalz |
| 0,750 kg | Zutaten (Gewürze etc.) |
| 102,550 kg | Rohmaterial |
| – 11,281 kg | Erhitzungsverlust (11 %) |
| 91,269 kg | Gewicht vor dem Eindosen |
| + 4,563 kg | Aufnahme nach dem Eindosen (3 Tage, 5 %) |
| 95,832 kg | Abtropfgewicht (Verkaufsgewicht) |

$$\frac{80,000 \times 100}{95,832} = 83,48 \ \%$$

Beispiel 4: Kochschinken, 85 % Fleisch

mit hoher Ausbeute

| | |
|---|---|
| 100,000 kg | Fleisch |
| 30,000 kg | Lake und Gewürze |
| 130,000 kg | Rohmaterial |
| 13,000 kg | Verlust durch Erhitzung (10 %) |
| 117,000 kg | Verkaufsgewicht |

$$\frac{100 \times 100}{117} = 85,47 \ \%$$

Beispiel 5: Kalbsleberwurst, 62 % Fleisch, 37 % Schweineleber

| | |
|---|---|
| 50,000 kg | Schweinefleisch 6 |
| 17,000 kg | Kalbfleisch 2 (67,000 kg Fleisch) |
| 40,000 kg | Schweineleber |
| 1,800 kg | Nitritpökelsalz |
| 0,650 kg | Gewürze |
| 109,450 kg | Rohmaterial |
| – 2,189 kg | Erhitzungs- und Räucherverluste (2 %) |
| 107,261 kg | Verkaufsgewicht |

$$\frac{67,000 \times 100}{107.261} = 62,46 \ \% \qquad \frac{40,000 \times 100}{107,261} = 37,29 \ \%$$

Beispiel 6: Blutwurst, Fleisch 66 %

| | |
|---|---|
| 27,850 kg | Bauchfleisch |
| 18,570 kg | Hintereisbeinfleisch |
| 18,570 kg | Deckelfett (64,990 kg Fleisch) |
| 9,280 kg | Schweineleber |
| 9,280 kg | Schweineblut |
| 9,190 kg | Brühe |
| 4,640 kg | Röstzwiebeln |
| 2,620 kg | Gewürze |
| 100,000 kg | Rohmaterial |
| 2,000 kg | Räucherverluste (2 %) |
| 98,000 kg | Verkaufsgewicht |

$$\frac{64,990 \times 100}{98,000} = 66,32 \text{ \%}$$

Beispiel 7: Salami, 100 g Salami entsprechen 128 g Fleisch

| | |
|---|---|
| 30,000 kg | Rindfleisch 2 |
| 40,000 kg | Schweinefleisch 3 |
| 30,000 kg | Schweinefleisch 9 (100,000 kg Fleisch) |
| 3,000 kg | Nitritpökelsalz |
| 1,000 kg | Zutaten (Gewürze, Zucker, Starterkulturen) |
| 104,000 kg | Rohmaterial |
| – 26,000 kg | Trockenverlust (25,0 %) |
| 78,000 kg | Verkaufsgewicht |

$$\frac{100,00 \times 100}{78,000} = 128,20 \text{ \% Fleischanteil in der Salami}$$

# 2.5 Getränke

P. HAHN

## Verpflichtung zur Mengenkennzeichnung von Zutaten

*..., wenn die Bezeichnung der Zutat oder der Gattung von Zutaten in der Verkehrsbezeichnung der Lebensmittel angegeben ist.*

Die quantitative Angabe von Zutaten gilt grundsätzlich für alle alkoholischen und alkoholfreien Getränke, unabhängig davon, ob die Angabe eines Zutatenverzeichnisses vorgeschrieben ist.

Ausgenommen vom Anwendungsbereich der Lebensmittel-Kennzeichnungsverordnung waren bislang „Perlwein, Perlwein mit zugesetzter Kohlensäure, Likörwein, weinhaltige Getränke, aromatisierte Weine, aromatisierte weinhaltige Getränke, aromatisierte weinhaltige Cocktails, Branntwein aus Wein, Weinessig", zuvor auch Schaumwein und Schaumwein mit zugesetzter Kohlensäure (§ 1 Abs. 3 Nr. 6 LMKV). Diese Ausnahmen sind zu Fortfall gekommen.

Gemäß den „Leitlinien" betrifft die Pflicht zur mengenmäßigen Angabe der Zutaten nicht die in den Lebensmitteln natürlich vorhandenen Bestandteile, die nicht als Zutaten hinzugefügt werden, wie beispielsweise Koffein in Kaffee, Vitamine in Fruchtsäften und Mineralien in Mineralwässern.

Die quantitative Angabe entfällt bei Monoprodukten bzw. Quasi-Monoprodukten, d.h. bei Getränken, die weitgehend nur aus einer Zutat bestehen wie beispielsweise Natürliches Mineralwasser, Quellwasser und Tafelwasser, Fruchtsaft und Bier. Ein natürliches Mineralwasser, das mit eigener Quellenkohlensäure versetzt ist (§ 8 Abs. 3 MTV) und ein natürliches kohlensäurehaltiges Mineralwasser, dem keine weitere Kohlensäure zugesetzt wird, ist ebenfalls ein Monoprodukt. Entscheidend ist für eine mengenmäßige Angabe, ob kaufentscheidende Bestandteile, d. h. wertbestimmende Bestandteile genannt werden. Das ist z. B. nicht der Fall bei den Verkehrsbezeichnungen „Orangensaft" und „Apfelsaft".

Als Monoprodukt ist auch ein Fruchtsaft anzusehen, bei dessen Herstellung aus technologischen Gründen das Antioxidationsmittel L'Ascorbinsäure verwendet wird. Eine Mengenangabe ist hier nicht erforderlich. Sie wäre im übrigen auch für den Verbraucher nicht verständlich. Denn anzugeben wäre z. B. „Apfelsaft mit 99,9 % Apfelsaft". Im übrigen kann der L'Ascorbinsäureanteil vernachlässigt werden, handelt es sich um keine wertbestimmende, kaufentscheidende Zutat.

Als „Monoprodukt", das von der mengenmäßigen Angabe freibleibt, sind auch Fruchtsäfte einzustufen, die aus Fruchtsaftkonzentrat hergestellt werden. Solche Produkte werden durch die Rekonstituierung des Saftkonzentrates mit bestimmtem Wasser, das in den Leitsätzen für Fruchtsäfte definiert ist und Saftaroma herstellt. Eine Zutatenliste braucht dieses Produkt nach den besonderen Vorschriften der EG-Fruchtsaft-Richtlinie (93/77/EWG) Art. 10 Abs. 3 a sowie nach den deutschen Fruchtsaft-/Fruchtnektar-Verord-nungen jeweils § 4 Abs. 6 nicht zu haben. Konsequenterweise dürfte damit auch die quantitative Zutatenkennzeichnung entfallen.

Eine quantitative Zutatenkennzeichnung ist erforderlich bei Bezeichnungen wie Fruchtnektar, Fruchtsirup oder Fruchtsaftgetränk mit Orangensaft. All diesen Bezeichnungen ist zu eigen, daß Frucht, Fruchtnektar bzw. Fruchtsaft als Zutat in der Verkehrsbezeichnung genannt wird. Für diese Erzeugnisse ist eine Fruchtsaft- bzw. Fruchtgehaltsangabe nicht neu. Denn die Pflicht zur Mengenangabe enthält bislang schon § 4 Abs. 8 Fruchtsaft-Verordnung bzw. § 4 Abs. 8 Fruchtnektar-Verordnung. Mit der Siebten Verordnung zur Änderung der Lebensmittel-Kennzeichnungsverordnung und anderer lebensmittelrechtlicher Verordnungen treten die beiden o. g. Bestimmungen außer Kraft.

Die Verpflichtung zur quantitativen Zutatenangabe besteht auch bei Verkehrsbezeichnungen wie Mehrfruchtsaftgetränk und Mehrfruchtnektar, allerdings nur hinsichtlich des Gesamtfruchtsaftgehaltes. Kein Fall für die quantitative Zutatenangabe sind die Bezeichnungen Mehrfruchtsaft oder 10-Fruchtsaft. Dabei ist allerdings eine Differenzierung angezeigt:

Dominieren bei solchen Getränken einige Säfte (z.B. Orange-Maracujasaftgetränk), während andere nur in zu vernachlässigenden Mengen enthalten sind, fragt es sich, ob nur die Mengen der dominierenden Säfte anzugeben sind oder auch die in nur geringen Mengen. Hier reicht die Mengenangabe der dominant herausgestellten Früchte.

Eine Bezeichnung wie „Multivitamin-Fruchtnektar" führt zur Verpflichtung der Angabe der Vitaminmengen, es sei denn, es erfolgt eine Kennzeichnung der Vitamine nur nach Maßgabe der Nährwert-Kennzeichnungsverordnung. So sieht es § 8 Abs. 3 LMKV vor. Das gilt auch für sonstige Vitamin- und Mineralstoffgetränke wie Sport- und Energiegetränke.

Ausgelöst wird die Pflicht zur quantitativen Zutatenkennzeichnung bei Verwendung von Bezeichnungen wie „Multi-Vitamin-Fruchtsaftgetränk" und „ACE-Mehrfrucht-Multivitamingetränk". Die einzelnen Fruchtsäfte sind hier jedoch nur dann gesondert anzugeben, wenn diese auch einzeln aufgelistet werden. Anderenfalls muß nur die Gattung mengenmäßig bestimmt werden. Bei einer Bezeichnung wie „Energy-Drink /

koffeinhaltiges Erfrischungsgetränk Orange mit Dextrose, Guaranaextrakt und Taurin" ist in jedem Fall Dextrose anzugeben und auch das Koffein steht beim Zusatz des letzteren nicht die Geschmackgebung im Vordergrund, sondern die belebende Wirkung im Vergleich zu anderen koffeinhaltigen Erfrischungsgetränken (z. B. Cola-Getränke).

Die Bezeichnung „Tafelwasser mit Meerwasser" zwingt zur Prozentangabe des Meerwasseranteils. Die vormals bestehende Verpflichtung in § 14 Abs. 3 Mineral- und Tafelwasser-Verordnung wird mit Inkrafttreten der neuen Lebensmittel-Kennzeichnungsverordnung aufgehoben.

Die Mineral- und Tafelwasser-Verordnung schreibt in § 8 Abs. 9 vor, daß bei natürlichem Mineralwasser, das mit Kohlensäure versetzt ist, Kohlendioxid nicht im Verzeichnis der Zutaten angegeben zu werden braucht, wenn auf die zugesetzte Kohlensäure in der Verkehrsbezeichnung hingewiesen wird.

Die grundsätzliche Pflicht zur quantitativen Zutatenkennzeichnung entfällt aufgrund der Ausnahmetatbestände (s. weiter unten).

*..., wenn die Verkehrsbezeichnung darauf hindeutet, daß das Lebensmittel die Zutat oder die Gattung von Zutaten enthält.*

Es gibt Verkehrsbezeichnungen für Getränke, in denen auf eine bestimmte Zutat aufmerksam gemacht wird. Beispiele hierfür sind „Fruchtsaftgetränk Orange", „Orangensaftgetränk", „Mineralwasser-Limonade", „Apfelschorle", „Apfelsaftschorle", „Weinschorle", „Weizen-Korn", „Eierlikör".

Die aufgeführten Beispiele beziehen sich auf Getränke, die nicht ausschließlich oder überwiegend aus diesen in der Verkehrsbezeichnung angesprochenen Zutaten hergestellt werden. Eine vorgeschriebene quantitative Festlegung der einzelnen Zutaten ist z. T. in Leitsätzen des Deutschen Lebensmittelbuchs enthalten, so in den Leitsätzen für Erfrischungsgetränke. Bei diesen ist eine quantitative Angabe vorzunehmen.

Bei Bezeichnungen wie „Fruchtsaftgetränk Orange" oder „Orangenfruchtsaftgetränk" reicht die Angabe „mit X % Orangensaft", selbst dann, wenn zur Geschmacksabrundung neben Orangensaft auch geringe Anteile artverwandter Fruchtsäfte sowie Zitronensaft, z. B. bei einem „Fruchtsaftgetränk Apfel" hinzugegeben werden.

Bei Verkehrsbezeichnungen, für die eine quantitative Festlegung nicht vorgesehen ist, ist grundsätzlich die quantitative Angabe auf den hervorhebenden Hinweis abzustellen. Danach wäre bei der Verkehrbezeichnung „Mineralwasser-Limonade" die Angaben „mit X % Mineralwasser" anzubringen.

Auch bei alkoholfreien wie bei alkoholischen Mischgetränken, wie Biermischgetränken, Weinmischungen, Alcopops usw. ist eine quantitative Zutatenangabe erforderlich, und zwar in der Regel bei einer beschreibenden Verkehrsbezeichnung. Diese löst dann die Angabe der dabei genannten Zutaten aus. Die Bezeichnungen „Apfelschorle" und „Apfelsaftschorle" lösen die Verpflichtung zur Fruchtsaftgehaltsangabe aus. Die Bezeichnung „Fruchtsaftgetränk aus natürlichem Mineralwasser mit Apfel" stellt zwar zwei Zutaten besonders heraus. Anzugeben ist aber auch hier nur der Fruchtsaftgehalt, da die Menge an Mineralwasser für die Charakterisierung des Produktes nicht wesentlich ist.

Anders verhält es sich z. B. bei einer „Weinschorle" sowie anderen weinhaltigen Getränken, ist doch bei solchen Getränken der Weinanteil ein kaufentscheidendes Element, der die Wertigkeit des Erzeugnisses ausmacht.

*..., wenn die Zutat oder Gattung von Zutaten auf dem Etikett durch Worte, Bilder oder eine graphische Darstellung hervorgehoben ist.*

Nicht jede Abbildung oder graphische Darstellung führt zur quantitativen Zutatenkennzeichnung, sondern nur eine solche, die die Zutat oder Klasse von Zutat hervorhebt. Werden beispielsweise bei Bier oder Spirituosen Getreide- und Hopfenpflanzen oder ein Getreidefeld abgebildet, dann erfolgt hierdurch nur ein Hinweis auf den landwirtschaftlichen Ursprung der Rohstoffe. Zum Teil handelt es sich auch nur um Abbildungen in Vorstadien der Verarbeitung. Schließlich wird mit Abbildungen oder graphischen Darstellungen nur ein Geschmackshinweis gegeben, was insbesondere dann der Fall ist, wenn es sich z.B. um Fruchtabbildungen in stilisierter Form handelt. In all den Fällen bedarf es keiner Zutatenangabe.

Erst aus der Art und Weise der Fruchtabbildung kann sich in allen anderen Fällen ableiten lassen, ob es sich um die Hervorhebung einer Zutat oder Klasse von Zutaten handelt. Werden hingegen zwei bis drei der verwendeten Fruchtarten besonders prominent abgebildet, dann sind in diesem Fall die Mengen der dominierenden Früchte anzugeben.

*..., wenn die Zutat oder die Gattung von Zutaten von wesentlicher Bedeutung für die Charakterisierung des Lebensmittels und seine Unterscheidung von anderen Lebensmitteln ist, mit denen es aufgrund seiner Verkehrsbezeichnung oder seines Aussehens verwechselt werden könnte.*

Bei Getränken könnte diese Anforderung der quantitativen Angabe dann von Bedeutung sein, wenn sie stark innerhalb der europäischen Mitgliedstaaten voneinander abweichen und diese Differenzen in der Verkehrsbezeichnung für den Verbraucher nicht sichtbar sind. Das gilt beispielsweise für die nicht harmonisierten Erfrischungsgetränke.

*... für eine Zutat oder Klasse von Zutaten, die in geringer Menge zur Geschmacksgebung verwendet wird.*

Bei der Herstellung von Getränken werden oftmals Zutaten verwendet, die lediglich in geringen Mengen zur Geschmacksgebung verwendet werden. Diese Ausnahme gilt nach den Leitsätzen unabhängig davon, ob es eine bildliche Darstellung auf dem Etikett gibt oder nicht. Wenn die Geschmacksgebung auch oft durch Aromen bewirkt wird, gilt der Ausnahmetatbestand nicht für diese, sondern auch für alle anderen Zutaten wie z. B. Kräuter oder Gewürze, aber auch Tee-Extrakte wie bei Eisteegetränken.

Die o. g. Ausnahme gilt auch bei Bezeichnungen wie Orangenlimonade oder Kräuterlimonade. Bei diesen Bezeichnungen handelt es sich um reine Geschmacksangaben. Die Mitverwendung von Fruchtsaft ist dabei unbeachtlich, handelt es sich doch auch um geringe Mengen zur Geschmacksgebung.

Die geringe Menge ergibt sich dabei aus den Leitsätzen für Erfrischungsgetränke, die bei Limonaden mit einem Anteil an Zitrusfrüchten einen Fruchtsaftanteil von drei Gewichtshundertteilen vorsieht. Dieses ist nämlich die geringste Menge an Fruchtsaft, die für die Erfrischungsgetränke gefordert wird. Man kann daher davon ausgehen, daß ein Fruchtsaftanteil, der unter dieser Menge liegt, zu vernachlässigen ist und den Verbraucher nicht interessiert.

Ferner gilt diese Ausnahme auch für ein natürliches Mineralwasser, dem Kohlensäure zugesetzt wird. Das geschieht zur Geschmacksabrundung. Selbst bei einer starken Imprägnierung - nicht mehr als 8 g $CO_2$/Liter ist davon auszugehen, daß die Zutat „Kohlensäure" nicht mehr als 2 Prozent ausmacht.

Auch bei einem „mild gesalzenen Tomatensaft" dürfte die quantitative Angabe entbehrlich sein.

Zu beachten ist, daß die quantitative Zutatenkennzeichnung auch dann nicht erforderlich ist, wenn Zutaten, die in kleinen Mengen zur Geschmacksgebung zugesetzt werden, neben der Geschmacksgebung andere z. B. technologische Wirkungen (z. B. Verwendung des Hopfens bei Bier) oder andere Wirkungen wie etwa die Färbung entfalten.

*... für eine Zutat oder Gattung von Zutaten, die, obwohl sie in der Verkehrsbezeichnung aufgeführt wird, für die Wahl des Verbrauchers nicht ausschlaggebend ist, da un-*

71

*terschiedliche Mengen für die Charakterisierung des betreffenden Lebensmittels nicht wesentlich sind und es nicht von ähnlichen Lebensmitteln unterscheiden.*

Grundsätzlich müßte z. B. bei Spirituosen mit Bezeichnungen wie Eierlikör oder Malz-Wisky eine Mengenangabe erfolgen. Hier greift jedoch § 2 Abs. 2 Nr. 4 LMKV (s. a. Artikel 7 Abs. 3 a vierter Spiegelstrich der Richtlinie 97/4 EG). Denn die Menge einer in der Bezeichnung eines Lebensmittels genannten Zutat beeinflußt dabei nicht die Kaufentscheidung des Verbrauchers. Ausgenommen sind demzufolge neben den o. g. Bezeichnungen auch sog. Liköre, Obstschnäpse als Frucht-Spirituosen oder auch Weizenkorn.

Eine mengenmäßige Kennzeichnung von Weizen ist auch nicht bei der Benutzung der Verkehrsbezeichnung „Weizenbier" erforderlich, ferner nicht bei „Weizen" oder „Weiße". Analog zu den Weizenbieren löst die Bezeichnung „Dunkel" ebenfalls nicht die quantitative Zutatendeklaration aus. Denn für die Wahl des Verbrauchers sind unterschiedliche Mengen an Malz - dunkles wie sonstiges Malz - für die Charakterisierung der betreffenden Lebensmittel nicht wesentlich und unterscheiden sich auch nicht von ähnlichen Lebensmitteln. Damit entfällt schließlich auch eine mengenmäßige Kennzeichnung z. B. bei Roggenbier und Dinkelbier.

## 2.6 Milcherzeugnisse

G. WERNER

### Deklaration des Milchanteils

In der Regel kommt eine Mengenkennzeichnung nur bei Milcherzeugnissen in Betracht, die mit anderen Erzeugnissen zusammengesetzt sind. Hierunter fallen Milchmischerzeugnisse, Käse- und Schmelzkäsezubereitungen sowie Butterzubereitungen.

Bei diesen Erzeugnissen ist zunächst die Frage zu klären, inwieweit der Milchanteil, z. B. Joghurt bei der Verkehrsbezeichnung „Fruchtjoghurt" deklariert werden muss. Der Vorgabe der Leitlinien auf Seite 4 (Artikel 7 Abs. 2 Buchstabe a der EG-Kennzeichnungs-Richtlinie 79/112/EWG), nur den Fruchtanteil zu deklarieren, ist grundsätzlich zu folgen, wonach z. B. in einem Erdbeerjoghurt nicht der Joghurtanteil, sondern nur die mengenmäßige Angabe der Erdbeeren notwendig ist. Demnach empfiehlt es sich, bei solchen Produkten, deren gesetzlichen Produktregelungen nur einen geringen Anteil an beigegebenen Lebensmitteln zulassen (30 %-Regelung), die Angabe des Milchanteils wegzulassen.

Anders kann es sich verhalten, wenn der Milchanteil gesetzlich deutlich verringert sein kann, z. B. bei Erzeugnissen aus Käse (50 %-Regelung gemäß § 4 Abs. 2 Käse-VO) oder, wo der vorgeschriebene Milchanteil nicht mindestens 70 % ist (z. B. Milcherzeugnisse eigener Art gemäß § 2 Abs. 1 Nr. 2 Milch- und Margarinegesetz - MMG). In diesem Fall könnte der Milchanteil im Sinne des Art. 7 mengenmäßig zu deklarieren sein.

Bei Erzeugnissen aus Käse ist zu beachten, dass der Mindestgehalt an Käse bei Käsezubereitungen 50 % beträgt und deshalb hier ggf. der Mengenanteil an Käse zu deklarieren ist. Sofern jedoch der eigentliche Käseanteil von 85 % bzw. 70 % bei Fruchtzubereitungen (Weichkäse mit Schinken, Fruchtquark) nicht deutlich unterschritten wird, verhält es sich wie bei Milchmischerzeugnissen, es ist also keine Angabe des Käseanteils erforderlich.

Bei Käse dürfte bei der Angabe „mit Joghurt" der Joghurtanteil zu deklarieren sein, ebenso z. B. bei der Angabe „mit Ziegenmilch" der Ziegenmilchanteil. Bei Schmelzkäse aus Emmentaler ist § 17 Käse-VO (§ 17 Käse-VO wird zur Zeit im Zuge der Quid-Regelung neu gefasst) maßgeblich, d. h. es ist danach bereits der Gehalt an Emmentaler zu deklarieren. Bei Schmelzkäsezubereitungen, bei denen eine besondere Hervorhebung des Käses bzw. der Käsesorte nicht erfolgt, ist der Käseanteil nicht zu deklarieren. Im Grundsatz gilt das zu Milchmischerzeugnissen gesagte.

## Kulturen

Die üblichen Kulturen sind nicht anzugeben (Ausnahmeregelung für fermentierte Milcherzeugnisse vom Verzeichnis der Zutaten in der Milcherzeugnis-VO, Käse-VO und Butter-VO). Bei Hervorhebung spezieller Kulturen ist eine Mengenangabe problematisch: grundsätzlich werden Kulturer nicht nach Gewichtsprozenten, sondern nach Anzahl der Keime bewertet, deshalb ist eine Mengenangabe nach Gewicht grundsätzlich ohne Sinn, obwohl eine Befreiung von der Mengenangabe nicht vorliegt. Auch aus der Sicht des Handels oder der Verbraucher ist eine Gewichtsangabe der Kulturen sinnlos, da über eine z.b. probiotische Wirkung keine Anzahl der Kulturen vorgeschrieben werden kann. Die Wirkung richtet sich vielmehr nach den spezifischen Keimen, der Keimzahl und der durchschnittlichen Verzehrsmenge des Lebensmittels.

Innerhalb der Milchwirtschaft wurde vorgeschlagen, dass über die wettbewerbsrechtlichen Konsequenzen beraten und die Frage der Deklaration mit dem BMG abgeklärt werden sollte.

## Mengenangabe von Fruchtzubereitungen/Früchten

Die Quid-Kennzeichnung wird ausgelöst durch die Verkehrsbezeichnung, aber auch durch eine entsprechende (bildliche) Darstellung bzw. Auslobung der Früchte.

Möglich sind die Mengenangaben „...%-Fruchtzubereitung" und „...%-Frucht". Außerdem stellt sich die Frage, was als Frucht zu deklarieren ist, die Frucht ausschließlich selbst oder einschließlich Saft und sonstigen Fruchtbestandteilen und evtl. enthaltenen Konzentraten. Bei Konzentraten ist ggf. die EG-Richtlinie 1999/10/EG über Ausnahmen anzuwenden, d. h. auf den ursprünglichen Zustand der Früchte abzustellen.

In dem Begriff des § 8 LMKV, „Gattung von Zutaten", wird eine gewisse Erleichterung der Kennzeichnung gesehen, es ergeben sich aber auch Unklarheiten. „Gattung von Zutaten" ist eine mit einer Klasse von Zutaten vergleichbare Gruppe von Zutaten, jedoch ein weitergehender Begriff als Klasse von Zutaten. „Gattung von Zutaten" sind demnach auch Zutaten, die nicht von einer Zutatenklasse nach Anlage 1 der LMKV erfasst werden, z. B. Fruchtmischungen. Eine „Gattung von Zutaten", die nicht „Klasse von Zutaten" ist, kann nicht im Verzeichnis der Zutaten als solche angegeben werden. (Definition der Gattung von Zutaten gemäß § 8 Absatz 1 Satz 1 LMKV und amtliche Begründung hierzu). Eine „zusammengesetzte Zutat" ist hiervon zu unterscheiden, diese kann mit ihrer Verkehrsbezeichnung angegeben werden, z. B. die seit Jahren eingeführte „Fruchtzubereitung".

Hinsichtlich der Klassifizierung der Verkehrsbezeichnungen bei Fruchtjoghurt ist die BLL-Richtlinie maßgebend, die sich jedoch aufgrund der Mengenkennzeichnung selbst als überarbeitungsbedürftig erweist. Bislang gilt danach bei einem Fruchtgehalt < 3,5 % die Angabe „Joghurt mit ...geschmack", bei einem Fruchtgehalt zwischen ≥ 3,5 % und < 6 % die Angabe „Joghurt mit Fruchtzubereitung" und bei einem Gehalt ≥ 6 % die Angabe „Fruchtjoghurt".

Grundsätzlich ist es zur Verbraucherinformation ausreichend, wenn die Menge der Fruchtzubereitung deklariert wird. Darüber hinaus kann jedes Unternehmen natürlich den Fruchtanteil oder sogar den Anteil einzelner Fruchtsorten deklarieren, es fragt sich allerdings, ob dem Verbraucher hierdurch nützliche Informationen gegeben werden. Ggf. ist hier auch eine künftige Entwicklung der Angaben im Milchbereich bzw. bei ähnlichen anderen Produkten abzuwarten.

Die Meinungsbildung der beteiligten Unternehmen in der Fachgruppe Milchfrischprodukte/Konsummilch des Milchindustrie-Verbandes zur Mengenkennzeichnung bei Fruchtzubereitungen führte zu folgendem Ergebnis:

Bei Joghurt werden nur noch zwei Produktgruppen unterschieden. Die Grenze wird für Fruchtjoghurt bei ≥ 3,5 % gezogen. Alle Produkte auf Basis von Joghurt mit einem geringeren Gehalt erhalten die Verkehrsbezeichnung „Joghurt mit Fruchtgeschmack".

Alle Zubereitungen, die nicht Früchte im engeren Sinn enthalten (z. B. Schoko, Vanille, Walnuss, Haselnuss etc.) orientieren sich in der Grenzziehung an den Leitsätzen für Puddingpulver und verwandte Erzeugnisse.

Frischkäse und Quark sind analog der Joghurtregelung zu behandeln, dies gilt auch bei Verwendung von Kräutern/Gewürzen bzw. den entsprechenden Zubereitungen.

Für Milchmischgetränke werden abweichende Anforderungen gegenüber der Empfehlung bei Joghurt gesehen. Hier sind noch Einzelheiten und Mengenanteile zu klären.

Sollten auf nationaler und EU-Ebene neue Erkenntnisse resultieren, wird ggf. in der Fachgruppe des Milchindustrie-Verbandes eine erneute Diskussion erforderlich. Ebenfalls finden ggf. die Ergebnisse einer Überarbeitung der BLL-Richtlinie zu einem späteren Zeitpunkt Berücksichtigung.

Im Zusammenhang mit der BLL-Richtlinie Fruchtzubereitungen sind außerdem die „Leitsätze für Puddingpulver und verwandte Erzeugnisse"[1] zu beachten. Dies gilt ein-

---

[1] Bekanntmachung vom 26.01.1999, Gemeinsames Ministerialblatt Nr. 11 vom 26.04.1999, S. 225

mal für die Angabe „Vanille" für die oben genannten Erzeugnisse entsprechend der Leitsätze und für den Mengenanteil hinsichtlich der Angabe der Frucht bzw. „....geschmack". Für die Angabe Frucht ist in den Leitsätzen eine Untergrenze von 2,4 g/100 g bzw. bei geschmacksintensiven Früchten von 1,6 g/100 g angegeben.

## Überarbeitung der BLL-Richtlinie für Fruchtzubereitungen

Unter Zugrundelegung der o. g. Grundsätze ergeben sich Änderungen in Teil II der BLL-Richtlinie für Fruchtzubereitungen hinsichtlich der Kennzeichnung. Außerdem sind in Teil I der BLL-Richtlinie unter Berücksichtigung der Diskussion hinsichtlich der Zusammensetzung und Anforderungen an Fruchtzubereitungen Änderungen bzw. Ergänzungen der Begriffsbestimmung und der Beurteilungsmerkmale vorzunehmen. Die Überschriften der BLL-Richtlinie sollten hinsichtlich der Erweiterung der Produktkategorien, auf die die BLL-Richtlinie Anwendung finden soll, angepasst werden.

Alle Fruchtzubereitungen unter'dieser Verkehrsbezeichnung sollten den Anforderungen der BLL-Richtlinie entsprechen. Unter den Gesichtspunkten einer Mengenangabe bedeutet "Frucht" eine Gattung von Zutaten.

## Einzelne Aspekte zur Kennzeichnung des Anteils an beigegebenen Lebensmitteln

Hinsichtlich der Becher-Kennzeichnung in der Praxis wird davon ausgegangen, dass es zulässig ist, auf dem Becher die Verkehrsbezeichnung anzubringen und auf die Fruchtsorte auf der Deckelfolie zu verweisen. Alternativ kann die Mengenangabe entweder auf der Deckelfolie in Verbindung mit der Verkehrsbezeichnung oder im Verzeichnis der Zutaten bzw. in der Verkehrsbezeichnung auf dem Becher erfolgen.

Handelt es sich um speziell gestaltete Fertigpackungen (§ 6 Fertigpackungsverordnung), so sind die mengenmäßigen Angaben auf die gesamten Fertigpackungen zu beziehen; „....%-Frucht" vom Gesamterzeugnis (§ 6 Fertigpackungsverordnung). Beim Zweikammerbecher kann die Mengenangabe entfallen, wenn das Gewicht des einzelnen Kammerinhalts bereits nach § 6 Abs. 4 Fertigpackungsverordnung angegeben ist (Einzelfalllösung).

Bei Mehrfruchtvarianten löst die Angabe „besonders viel Frucht" zwar die Mengenangabe aus, aber keine besondere fruchtbezogene Angabe. Bei der Angabe, z.B. „Pfirsich/Maracuja", kann der Gesamtfruchtgehalt der Früchte angegeben werden.

Die Angabe „Vierkorn" weist auf eine Getreidemischung hin. Deshalb kann eine prozentuale Angabe z. B. „... % Getreide" erfolgen.

## Butterzubereitungen

Bei Butterzubereitungen ergibt sich grundsätzlich keine andere Situation, als bei anderen Produkten besprochen.

## Milcherzeugnisse eigener Art

Milcherzeugnisse eigener Art sind solche, die in keiner Produktverordnung erfasst sind, aber der Definition des § 2 Absatz 1 Nr. 2 des Milch- und Margarinegesetz (MMG) unterliegen. Danach handelt es sich um „ein ausschließlich aus Milch hergestelltes Erzeugnis, auch unter Zusatz anderer Stoffe, sofern diese nicht verwendet werden, um einen Milchbestandteil vollständig oder teilweise zu ersetzen".

Somit liegt ein Milcherzeugnis vor, das aus 40 % beigegebenen Lebensmitteln und Joghurt besteht, dies ist aber kein Milchmischerzeugnis im Sinne der Milcherzeugnis-VO, da dort ein maximaler Anteil an beigegebenen Lebensmitteln von 30 % vorgeschrieben ist. Es handelt sich um ein Milcherzeugnis eigener Art.

Für dieses oben genannte Milcherzeugnis eigener Art ist z.B. die beschreibende Verkehrsbezeichnung „Joghurt und Frucht" denkbar. In diesem Fall ist sowohl der Milch(Joghurt)anteil als auch der Fruchtanteil mengenmäßig zu deklarieren (s.o.).

Eine solche Vorgehensweise ist ebenfalls bei anderen Milcherzeugnissen eigener Art notwendig, da sonst eine Verwechslungsgefahr mit den in den Produktverordnungen geregelten Milcherzeugnissen gegeben ist.

**Tab. 2.8 Beispiele zur Mengenkennzeichnung: Milchfrischprodukte**

| Verkehrsbezeichnung | Verzeichnis der Zutaten | Anmerkung |
|---|---|---|
| Milchmischerzeugnis mit Erdbeergeschmack | Zutaten: Milch mit 2,5 % Fett, Erdbeergrundstoff (Konservierungsstoff Sorbinsäure und Aromen), Zucker | kein Quid, da in geringer Menge zur Geschmacksgebung, sofern Menge < 2,4 % (3,5 %) |

**Tab. 2.8 (Fortsetzung)**

| Verkehrsbezeichnung | Verzeichnis der Zutaten | Anmerkung |
|---|---|---|
| Milchmischgetränk Erdbeermilch | Zutaten: Vollmilch, 4 % Erdbeerkonzentrat (Konservierungsstoff Sorbinsäure und Aromen), Zucker | Quid, da Fruchtanteil $\geq 2,4$ % (3,5 %), Angabe Milchanteil nicht erforderlich |
| Milchmischgetränk Kakaotrunk | Zutaten: Vollmilch, Kakaogrundstoff (Konservierungsstoff Sorbinsäure und Aromen), Zucker | kein Quid, da in geringer Menge zur Geschmacksgebung, sofern Menge Kakaogrundstoff < 1 % |
| Fruchtjoghurt | Zutaten: Joghurt, 18 % Fruchtzubereitung (Konservierungsstoff Sorbinsäure und Aromen), Zucker | Quid, da Fruchtanteil $\geq 3,5$ % (3,5 %), Angabe Joghurtanteil nicht erforderlich |
| Erdbeerjoghurt | Zutaten: Joghurt, 20 % Erdbeerzubereitung (Konservierungsstoff Sorbinsäure und Aromen), Zucker | Quid, da Fruchtanteil $\geq 3,5$ %, Angabe außerdem bei Erdbeeren, Angabe Joghurtanteil nichr erforderlich |
| Joghurt mit Fruchtgeschmack | Zutaten: Joghurt, Fruchtzubereitung (Konservierungsstoff Sorbinsäure und Aromen), Zucker | kein Quid, da in geringer Menge zur Geschmacksgebung, sofern Menge < 3,5 % |
| Milchmischerzeugnis Erdbeerdessert | Zutaten: Joghurterzeugnis, 15 % Erdbeerzubereitung (Konservierungsstoff Sorbinsäure und Aromen), Zucker | Quid, da Fruchtanteil $\geq 3,5$ %, Angabe Joghurtanteil nicht erforderlich |
| Speisequarkzubereitung mit Erdbeeren | Zutaten: Speisequark, 20 % Fruchtzubereitung, (Konservierungsstoff Sorbinsäure und Aromen), Zucker | Quid, da Fruchtanteil $\geq 3,5$ %, Angabe Speisequarkanteil nicht erforderlich |

**Tab. 2.8** (Fortsetzung)

| Verkehrsbezeichnung | Verzeichnis der Zutaten | Anmerkung |
|---|---|---|
| Speisequark mit Gewürzen und Kräutern | weitere Zutaten: Gewürze und Kräuter, Stabilisator E 407 | kein Quid, da in geringer Menge zur Geschmacks- gebung, sofern Menge Kräuterzubereitung etc. < 3,5 % |

**Tab. 2.9 Beispiele zur Mengenkennzeichnung
Käse- und Schmelzkäsezubereitungen, Butterzubereitungen**

| Verkehrsbezeichnung | Verzeichnis der Zutaten | Anmerkung |
|---|---|---|
| Weichkäsezubereitung mit Joghurt | weitere Zutaten: 10 % Joghurt | Quid, da Joghurtanteil ≥ 3,5 %, Angabe Weich- käseanteil nicht erforder- lich |
| Weichkäsezubereitung mit Schinken | Zutaten: Weichkäse, 8 % Schinken | Quid, da Schinkenanteil ≥ 3,5 %, Angabe Weich- käseanteil nicht erforder- lich |
| Weichkäsezubereitung mit 5 % Erdnüssen | Zutaten: Weichkäse, Erdnuss- zubereitung | Quid, da Erdnussanteil ≥ 3,5 %, Angabe Weich- käseanteil nicht erforder- lich |
| Schmelzkäsezubereitung aus Emmentaler | Zutaten: 60 % Emmentaler, Käse | Quid, da Emmentaler- anteil ≥ 3,5 %, Angabe Käseanteil nicht erforder- lich |
| Schmelzkäsezubereitung aus Emmentaler mit 8 % Schinken | Zutaten: 60 % Emmentaler, Schnittkäse, Schinken | Quid, da Emmentaler- und Schinkenanteil ≥ 3,5 %, Angabe Schnitt- käseanteil nicht erforder- lich |

**Tab. 2.9 (Fortsetzung**

| Verkehrsbezeichnung | Verzeichnis der Zutaten | Anmerkung |
|---|---|---|
| Schmelzkäsezubereitung Sahne | Zutaten: Schnittkäse, Butter | kein Quid, da „Sahne" nur Konsistenzangabe |
| Schmelzkäsezubereitung mit Sahne | Zutaten: Schnittkäse, 10 % Sahne, Butter | Quid, da Sahneanteil $\geq 3,5$ %, Angabe Schnittkäseanteil nicht erforderlich |
| Butterzubereitung mit Joghurt | Zutaten: Butter, 10 % Joghurt | Quid, da Joghurtanteil $\geq 3,5$ %, Angabe Butteranteil nicht erforderlich |

# 2.7 Obst- und Gemüseprodukte, Kartoffelerzeugnisse

W. KOCH

## Verpflichtung zur Mengenkennzeichnung von Zutaten

*..., wenn die Bezeichnung der Zutaten oder der Gattung der Zutaten in der Verkehrsbezeichnung des Lebensmittels angegeben ist.*

An dieser Stelle sei nochmals besonders darauf hingewiesen, daß Mono-Produkte und sog. Quasi-Mono-Produkte, auch sofern Zutaten in der Verkehrsbezeichnung genannt sind, nicht dem Geltungsbereich der Richtlinie unterliegen (vgl. bereits 1.1.3 und 1.2.4).

Der Anwendungsbereich erstreckt sich lediglich auf zusammengesetzte Lebensmittel. Folgerichtig werden Mono-Produkte (z. B. geschälte Kartoffeln, gekocht oder blanchiert, Grillkartoffeln, Baked potatoes, Rübensirup) hiervon nicht erfasst (vgl. u. a. Anm. 1 der Leitlinien).

Im Wege der teleologischen Reduktion gilt gleiches auch für sog. Quasi-Mono-Produkte (z. B. Kartoffelpüree/Püree mit einem Kartoffelanteil von über 99 %). Unter Berücksichtigung des Gesetzeszwecks macht eine mengenmäßige Deklaration bei denjenigen Erzeugnissen, die ganz wesentlich aus einer einzigen Zutat bestehen, keinen Sinn. Der Verbraucher soll durch QUID nämlich gerade darüber informiert werden, in welchem Verhältnis die von ihm als wertgebend angesehene Zutat im betreffenden Lebensmittel im Vergleich zu anderen Zutaten enthalten ist. Eine QUID-Angabe hat für den Verbraucher beim beispielhaft genannten Kartoffelpüree/Püree daher keinerlei Informationsnutzen (vgl. auch LOOSEN a.a.O. S. 631).

Bei anderen Produkten, bei denen in der Verkehrsbezeichnung eine (z. B. Apfelmus, Gurkentopf, Erdbeer-Konfitüre extra oder Kartoffelkroketten) oder mehrere Zutaten (z. B. Erbsen mit Karotten, Kartoffelpüree mit Milch, Brombeeren- und Boysenbeeren-Konfitüre extra) bzw. die Klasse der Zutaten (z. B. Fruchtcocktail oder Mischpilze) angegeben sind, wird die QUID-Prüfung ausgelöst.

Anm. 5 der Leitlinien dokumentiert, dass unter einer Klasse von Zutaten nicht nur die Klassennamen der Anlagen 1 und 2 der LMKV zu verstehen sind, sondern alle Arten von Ober- und Sammelbegriffen für Kategorien von Lebensmitteln. Die Nennung einer Kategorie in der Verkehrsbezeichnung löst die QUID-Prüfung hinsichtlich dieser Kategorie, nicht aber im Hinblick auf die einzelnen Bestandteile der „Zutatenklasse" aus (vgl. auch LOOSEN a.a.O. S. 632). Zur Verdeutlichung dieses Unterschieds spricht der überarbeitete Entwurf der Änderungsverordnung zur LMKV (s. Anhang 3.4) von „Gattungen von Zutaten".

*..., wenn die Verkehrsbezeichnung darauf hindeutet, daß das Lebensmittel die Zutat oder die Gattung von Zutaten enthält.*

Beispielhaft zu nennen sind Leipziger Allerlei, Mixed Pickles und Rote Grütze. Um bei diesen Erzeugnissen die wichtigsten bzw. für die Verbraucherinformation in Bezug auf die Quantität maßgebenden Zutaten zu ermitteln, könnten zusätzlich beschreibende Verkehrsbezeichnungen der Produkte zu Hilfe genommen werden (vgl. Anm. 6 der Leitlinien, ferner auch LOOSEN a.a.O. S. 633).

Diese könnten lauten: Leipziger Allerlei (Gemüsemischung mit Brechspargel, Erbsen, Karotten und Lorcheln), Mixed Pickles (Gemüsemischung in Essig mit Cornichons, Blumenkohl, Silberzwiebeln, Maiskölbchen, Paprika und Karotten), Rote Grütze (Fruchtmischung mit Sauerkirschen, Himbeeren, Kulturpreiselbeeren, Heidelbeeren, Boysenbeeren und Brombeeren). Bei den genannten Gemüsemischungen kann auf die Möglichkeit des auf Seite 86 aufgeführten Ausnahmetatbestandes verwiesen werden.

Bei der genannten Fruchtmischung erfolgt die QUID-Angabe über die Gattung von Zutaten entsprechend Anm. 5 der Leitlinien (vgl. S. 87).

*..., wenn die Zutat oder Gattung von Zutaten auf dem Etikett durch Worte, Bilder oder eine graphische Darstellung hervorgehoben ist.*

Bei wörtlichen Hervorhebungen wie „mit Milch" oder „mit viel Gemüse" wird man eine Hervorhebung annehmen müssen, wenn diese Hinweise durch die Art ihrer Darstellung auf der Fertigpackung besonders augenfällig verwendet werden. Dies kann bei der Verwendung innerhalb eines „Flash" oder bei prominenter Plazierung auf der Packung angenommen werden.

Keine QUID-Angabe ist demgegenüber erforderlich bei Angaben, welche nicht prominent verwendet werden, sondern innerhalb eines Fließtextes, einer Zubereitungsanleitung oder eines Serviervorschlags erwähnt werden. Auch wird QUID nicht durch Hinweise auf ein bestimmtes Anbauverfahren, wie z.B. „Kartoffeln aus kontrolliertem Anbau", „enthält Möhren aus biologischem Anbau" oder „aus ungespritztem Obst hergestellt" ausgelöst (vgl. hierzu LOOSEN a.a.O. S. 635).

Eine bildliche Hervorhebung ist beispielsweise dann gegeben, wenn bei Bratkartoffeln mit Ei der Volleigehalt durch eine Eidarstellung noch gesondert hervorgehoben wird.

Keine bildliche Hervorhebung liegt hingegen vor, wenn die wichtigsten Bestandteile des Lebensmittels dargestellt sind, ohne einen von ihnen besonders hervorzuheben (z.B. bei einem Gemüseeintopf, bei welchem die Gemüsebestandteile abgebildet sind).

Eine derartige umfassende Darstellung sämtlicher Bestandteile des Lebensmittels ist im folgenden Beispiel nicht möglich. Aufgrund der großen saisonalen Schwankung bei der Anlieferung der Rohware ist es bei der Pilzkonservenindustrie seit längerem gängige Praxis, daß man z.b. bei einer Mischpilzkonserve auf eine wirklichkeitsgetreue bildliche Darstellung der zur Verarbeitung gelangten Pilze auf der Konserve verzichtet bzw. verzichten muss und dafür Pilze in allgemein stilisierter Form abbildet. Nur so kann den dargelegten Erfordernissen der Praxis in vollem Umfang Rechnung getragen werden. Eine bildliche Hervorhebung i.S. der QUID-Regelung ist dabei nicht gegeben.

## Ausnahmen von der Verpflichtung zur Mengenkennzeichnung

*... für eine Zutat oder Gattung von Zutaten, deren Abtropfgewicht nach § 11 der Fertigpackungsverordnung angegeben ist.*

Befindet sich ein festes Lebensmittel in einer Aufgussflüssigkeit, so ist auf der Fertigpackung neben der gesamten Füllmenge auch das Abtropfgewicht dieses Lebensmittels anzugeben. Als Aufgussflüssigkeit gelten Wasser, Salzlake, Essig, Frucht- oder Gemüsesäfte in Obst- und Gemüsekonserven sowie wässrige Lösungen von Salzen, Genusssäuren, Zucker oder sonstigen Süßungsstoffen (vgl. u.a. Anm. 12 der Leitlinien).

Die so deklarierten Erzeugnisse sind von der separaten mengenmäßigen Angabe der Zutaten freigestellt, da die Menge der Zutaten oder der Klasse von Zutaten aus den Gewichtsangaben errechnet werden kann. Dies trifft auf Obst- und Gemüsekonserven zu, die lediglich eine Obst- oder Gemüseart enthalten (z.B. Ananaskonserve, Steinpilzkonserve, Erbsenkonserve oder Gurkenkonserve, ferner auch z.B. Sauerkraut und Rotkohl).

Bei Obst- und Gemüsemischungen (z.B. Puszta-Salat, Mischpilze, Fruchtcocktail) findet der Ausnahmetatbestand Anwendung über die Gattung der Zutaten (Gemüsesalat, Pilzmischung, Frucht), auf die das Abtropfgewicht zu beziehen ist.

Etwas anderes gilt nur (vgl. Anm. 14 der Leitlinien), wenn bei einer Mischung eine oder mehrere Obst- und Gemüsearten in der Verkehrsbezeichnung genannt (z.B. bei einer Erbsen- und Karottenkonserve) oder hervorgehoben werden. Die Menge der einzeln genannten Zutaten lässt sich nicht aus dem angegebenen Abtropfgewicht errechnen. Hier muß auf den Ausnahmetatbestand auf Seite 86 verwiesen werden, der i.d.R. einschlägig ist.

*... für eine Zutat oder Gattung von Zutaten, deren Mengenangabe auf dem Etikett bereits vorgeschrieben ist.*

Da Angaben von bloßen Mindestmengen auf den Etiketten nicht von der Verpflichtung zur QUID-Angabe befreien, enthält Anhang A der Leitlinien nur solche Gemeinschaftsbestimmungen, die exakte Mengenangaben vorschreiben. Die aufgeführte „Konfitüren-Richtlinie" (Richtlinie 79/693/EWG des Rates) schreibt die Verpflichtung zur exakten Mengenangabe der verwendeten Früchte vor („Hergestellt aus ... g Früchten je 100 g").

Entsprechend dem auf Seite 81f. zur Gattung von Zutaten gesagten, ist Frucht bzw. Früchte als eine „Zutatengattung" anzusehen. Folgerichtig sind alle Produkte, die unter den Anwendungsbereich der „Konfitüren-Richtlinie" fallen, von der „QUID-Angabe" befreit. Dies unabhängig davon, ob es sich um eine Einfrucht-, Zweifrucht- oder Mehrfrucht-Konfitüre handelt. Beispiele wären Erdbeer-Konfitüre extra, Brombeeren- und Boysenbeeren-Konfitüre extra oder eine Waldfrüchte-Konfitüre extra mit Himbeeren, Brombeeren und Heidelbeeren.

Die Auffassung in Anm. 15 der Leitlinien ist folgerichtig nicht hinnehmbar („Werden bei Konfitüren eine oder mehrere Obstsorten in der Verkehrsbezeichnung genannt, so ist der prozentuale Anteil dieser Zutaten anzugeben"). Diese Darlegung steht in Widerspruch zum Regelungsgehalt der Bestimmung. Dem Verständnis der Leitlinien zu diesem Punkt folgend, würde Anhang A der Leitlinien keinen Sinn mehr geben.

Bei ähnlichen Erzeugnissen findet die Ausnahme jedenfalls dann Anwendung, wenn der Fruchtgehalt (freiwillig) angegeben ist. Eine ansonsten doppelt vorzunehmende Fruchtgehaltangabe ist nicht sinnvoll. Dies gilt zum einen für ähnliche Erzeugnisse (z.B. Pflaumenmus), die nicht in der „Konfitüren-Richtlinie", dafür aber bis dato zumindest noch in der nationalen „Konfitüren-Verordnung" aufgeführt sind (wird als Folgeänderung des § 8 LMKV n.F. angepaßt), zum anderen aber auch für vergleichbare Produkte (z.B. Fruchtaufstriche), bei denen weder aufgrund von Gemeinschaftsbestimmungen noch aufgrund nationaler Regelungen eine Fruchtgehaltsangabe verpflichtend vorgenommen werden muss, in der Praxis aber üblich ist.

*... für eine Zutat oder Gattung von Zutaten, die in geringer Menge zur Geschmacksgebung verwendet wird.*

Die Nicht-Festlegung der „geringen Menge" mit einem absoluten Prozentwert, bei dessen Überschreiten die Vorschrift nicht mehr eingreifen würde, trägt der Praxis Rechnung, da z. B. in der Sauerkonservenindustrie sowohl getrocknete als auch frische Kräuter und Gewürze zur Geschmacksgebung verwendet werden. Bei einer - nicht sachgerechten - prozentualen Festlegung hätte i.d.R. bei einer Verwendung getrockneter Zutaten eine Mengenkennzeichnung nicht zu erfolgen, während diese andererseits beim Zusatz von frischen Zutaten durchaus aufgrund eines höheren Gewichtsanteils denkbar wäre.

Beispiele für geschmacksgebende Zutaten sind Apfelrotkohl fein abgeschmeckt mit Johannisbeergelee und Rotwein, Dillschnitten mit Zwiebeln und frischen Kräutern, Dill-Gewürzgurken, Gurkentopf mit feinen Gewürzen, Apfelrotkohl gewürzt mit feinen Zutaten, Rote Bete pikant gewürzt mit Zwiebeln oder Knoblauchgurken mit Kräutern. Aber auch Apfelrotkohl, Weinsauerkraut oder Rahmspinat fallen, bezogen auf den Apfelanteil, Wein- und Rahmgehalt, unter die Ausnahme. Die genannten Zutaten dienen lediglich der geschmacklichen Abrundung des jeweiligen Erzeugnisses.

*... für eine Zutat oder Gattung von Zutaten, die, obwohl sie in der Verkehrsbezeichnung aufgeführt wird, für die Wahl des Verbrauchers nicht ausschlaggebend ist, da unterschiedliche Mengen für die Charakterisierung des betreffenden Lebensmittels nicht wesentlich sind und es nicht von ähnlichen Lebensmitteln unterscheiden.*

Die Ausnahme besteht aus zwei Alternativen, die jede für sich von der Anwendung von QUID befreien (vgl. 1.2.3.4). Anwendungsfälle dieser Ausnahmeregelung sind z. B. Apfelmus, Wildpreiselbeeren sowie aus dem Kartoffelbereich Kartoffelpüree, Kartoffelkroketten, Kartoffelklöße oder Kartoffelchips aus rohen Kartoffeln.

Die Zutat Kartoffel ist beispielsweise hierbei für die Wahl des Verbrauchers nicht ausschlaggebend, da zum einen die Rezeptleistung des Gesamtproduktes im Vordergrund steht und zum anderen die Menge der Kartoffelanteile kein unterscheidendes Kriterium zu ähnlichen Lebensmitteln darstellt. Mithin sind beide Ausnahmealternativen erfüllt.

Dabei gilt diese Ausnahme nicht nur für die Verkehrsbezeichnung, in denen die Zutat expressis verbis genannt wird. Vielmehr fallen hierunter auch synonyme Produktbezeichnungen ohne ausdrückliche Nennung der Zutat (z. B. Kartoffelkroketten/Kroketten, Kartoffelpüree/Püree, Kartoffelklöße/Klöße, Kartoffelpuffer/Reibekuchen).

Die teleologische Auslegung, d.h. die Berücksichtigung von Sinn und Zweck der Bestimmung, kann zu keinem anderen Ergebnis führen, da man ansonsten gleiche Erzeugnisse hinsichtlich der mengenmäßigen Zutatenkennzeichnung unterschiedlich und damit nicht sachgerecht beurteilen würde (vgl. auch 1.1.2.4).

Andernfalls würde zudem das nicht nachvollziehbare Ergebnis entstehen, daß das Produkt, welches in der Verkehrsbezeichnung die Zutat ausdrücklich nennt, von QUID befreit wäre, nicht aber das gleiche Erzeugnis, bei dem die betreffende Zutat nur mittelbar assoziiert wird, obwohl beide Verkehrsbezeichnungen gleichermaßen verwendet werden können (vgl. hierzu Leitsätze für Kartoffelerzeugnisse GMBl 1997, Nr. 45, S. 858 ff).

Im übrigen ist zu fragen, ob bei mittelbaren Assoziationen (z.B. auch bei Pommes frites oder Rösti) überhaupt der Tatbestand des „Hindeutens" einschlägig ist. Die Beispiele in den Leitlinien sind insoweit anders geartet, wie z.B. „Hutspot" (Gericht aus Karotten und Zwiebeln) oder „Brandade" (Gericht aus Kartoffeln und Kabeljau) zeigen. Auch der Fall, den Loosen (a.a.O. S. 634) ergänzend zu den Leitlinen-Beispielen erwähnt, spricht gegen die Einbeziehung („Rote Grütze").

Eine verpflichtende QUID-Angabe ist jedoch zum Beispiel bei einer Kartoffel-Gemüse-Pfanne hinsichtlich des Gemüseanteils, bestehend aus den Einzelkomponenten Mais, Erbsen, roter Paprika und Karotten erforderlich. Bei diesen Erzeugnissen mag die Menge der Zutat Gemüse für den Verbraucher durchaus kaufentscheidende Bedeutung haben.

*... in den Fällen des § 6 Abs. 2 Nr. 5*

Gem. dem Ausnahmetatbestand ist eine QUID-Angabe bei Obst- und Gemüsemischungen dann nicht erforderlich, wenn sich die vorhandenen Obst- oder Gemüsearten in ihrem Gewichtsanteil nicht wesentlich unterscheiden und dies in der Zutatenliste durch den Zusatz „in veränderlichen Gewichtsanteilen" kenntlich gemacht ist. Beispiele für eine ganze Reihe von Erzeugnissen sind Leipziger Allerlei oder Mixed Pickles. Die einzelnen Gemüsearten der Gemüsemischungen werden im Zutatenverzeichnis einzeln mit dem abschließenden Hinweis „in veränderlichen Gewichtsanteilen" aufgeführt.

Gleichfalls unter den Ausnahmetatbestand fallen die Gemüsemischungen, bei denen die Gemüsearten in der Verkehrsbezeichnung genannt sind (Erbsen mit Karotten) und im Zutatenverzeichnis der Hinweis „in veränderlichen Gewichsanteilen" aufgeführt ist. Fehlt dieser Hinweis, ist die QUID-Angabe sinnvoll. Dies allerdings nur für eine der genannten Gemüsearten, da sich aus dieser Angabe der mengenmäßige Anteil der anderen Gemüseart ohne weiteres errechnen läßt.

## Berechnung und Art und Weise der Kennzeichnung

Der in § 8 Abs. 3 LMKV n.F. festgelegte Grundsatz, dass der prozentuale Anteil der zu kennzeichnenden Zutat am Gesamtgewicht der Zutaten, bezogen auf den Zeitpunkt ihrer Verarbeitung, anzugeben ist (Mixing-Bowl-Prinzip), gilt z.B. bei dem Erzeugnis Honiggurken mit einem hervorgehobenen Hinweis auf die Zutat Apfelessig. Der prozentuale Anteil des hervorgehobenen Apfelessiganteils muss sich auf das Gesamtgewicht der Zutaten (Beispiel: Apfelessig (7,5 %)) beziehen. Dem Wortlaut der Vorschrift entsprechend, ist es nicht möglich, die prozentuale Angabe lediglich im Hinblick auf eine andere Zutat anzugeben (Beispiel: Apfelessig (25 % des Essiganteils)).

Bei Püree mit Milch kann gem. § 8 Abs. 3 LMKV n.F. die erforderliche mengenmäßige Angabe des Trockenmilcherzeugnisses in der Zutatenliste zusammen mit der betreffenden Zutat (Vollmilchpulver) erfolgen. Ergänzend kann außerhalb des Zutatenverzeichnisses das Gewicht des Ausgangsprodukts Milch („entspricht x Liter Milch") angegeben werden, um dem Verbraucher den Vergleich gleichartiger Erzeugnisse zu erleichtern, bei denen Zutaten unterschiedlichen Verarbeitungsgrades verarbeitet worden sind (vgl. LOOSEN a.a.O. S. 643). Ferner kann auch Art. 2 Abs. 3 Satz 3 der „Ausnahme-Richtlinie" angewendet werden (Rekonstitution). In diesem Fall kann die Angabe in der Verkehrsbezeichnung selbst oder in ihrer unmittelbaren Nähe bezogen auf den Milchanteil erfolgen.

Die QUID-Angabe bei einer Kartoffel-Gemüse-Pfanne bezieht sich auf den Gemüseanteil. Es bestehen mehrere Möglichkeiten, die QUID-Angabe vorzunehmen. Zum einen kann im Zutatenverzeichnis hinter jeder einzelnen Gemüseart (Mais, Erbsen, roter Paprika, Karotten) die prozentuale Mengenangabe vorgenommen werden und zum anderen kann in der Verkehrsbezeichnung selbst oder in ihrer unmittelbaren Nähe der Gemüseanteil insgesamt mengenmäßig deklariert werden. Eine dritte Möglichkeit eröffnet § 6 Abs. 4 Nr. 1 iVm Anlage 1 LMKV. Hiernach kann die QUID-Angabe bei einem Gemüseanteil von bis zu 10 % auch im Zutatenverzeichnis unter dem Klassennamen „Gemüse" angeführt werden.

Bei dem Erzeugnis Rote Grütze - Waldfrucht, bestehend aus einer Fruchtmischung mit Sauerkirschen, Himbeeren, Kulturpreiselbeeren, Heidelbeeren, Boysenbeeren und Brombeeren, kann die QUID-Angabe sowohl in der Nähe der Verkehrsbezeichnung, als auch im Zutatenverzeichnis erfolgen. Sie bezieht sich auf die Gattung von Zutaten, d.h. auf die Früchtemischung (beispielsweise: 50 % Früchtemischung).

# 2.8 Speiseeis und Dessert

P. UNLAND

## Verpflichtung zur Mengenkennzeichnung von Zutaten

*...., wenn die Bezeichnung der Zutaten oder der Gattung der Zutaten in der Verkehrsbezeichnung des Lebensmittels angegeben ist.*

Beispiel 1:

Verkehrsbezeichnung: Fruchteis Pfirsich oder Pfirsicheis
Zutaten:                    Wasser, Pfirsich (20 %), Zucker, Glukosesirup, ...

Für die in der Verkehrsbezeichnung genannte Zutat Pfirsich ist die mengenmäßige Angabe vorgeschrieben. Gemäß den Leitsätzen für Speiseeis [1], beträgt der Anteil an Frucht mindestens 20 %, mit Ausnahme von Zitrusfrüchten, bei denen der Anteil aufgrund des hohen Säuregehaltes nur mindestens 10 % beträgt. Oberhalb dieser Mindestgehalte können die Fruchtanteile in der Praxis signifikant schwanken, so daß die Frucht bei Fruchteisen prozentual anzugeben ist, damit der Verbraucher dieses Produkt von ähnlichen unterscheiden kann [2]. Das eben Gesagte gilt entsprechend für Fruchtsorbets, die gemäß den Leitsätzen für Speiseeis mindestens 25 % Frucht oder 15 % Zitrusfrüchte enthalten. Auch hier ist in der Regel eine Mengenangabe der Fruchtbestandteile notwendig.

Beispiel 2:

Verkehrsbezeichnung: Tropicfruchteis (20 % Früchte)
Zutaten:                    Wasser, Ananasstückchen, Pfirsichpüree, Zitronensaft, Mangostückchen, Zucker, Glukosesirup, ...

In den Fällen, in denen eine Zutatengattung in der Verkehrsbezeichnung genannt ist, hier: Tropicfrucht, ist gemäß den Leitlinen die mengenmäßige Angabe nur für den Gesamtgehalt der Zutatengattung vorgeschrieben[1]. Unter Zutatengattungen werden gemäß den Leitlinien allgemeine Begriffe verstanden, die bestimmte Zutaten unter einem Begriff zusammenfassen. Dabei ist zwischen solchen Begriffen zu unterscheiden, die als Klassenname des Anhangs I der Richtlinie 79/112/EWG zur Verwendung im Zutatenverzeichnis erlaubt sind und solchen, die dort nicht aufgeführt sind, aber

---

[1] s. Leitlinien Anm. 5 b

üblicherweise in der Bezeichnung von Lebensmitteln verwendet werden. Da Tropicfrucht keinen zulässigen Klassennamen gemäß Anhang I der Richtlinie 79/112/EWG darstellt, ist die Angabe in diesem Fall entweder bei der Verkehrsbezeichnung oder im Zutatenverzeichnis bei den einzelnen Früchten vorzunehmen. In beiden Fällen wird dem Sinn der QUID-Regelung, den Verbraucher über den Gehalt an kaufentscheidenden Zutaten zu informieren, Rechnung getragen.

Beispiel 3:

Verkehrsbezeichnung: Tropicfruchteis mit Ananas,
enthält insgesamt 20 % Frucht
Zutaten: Wasser, Ananasstückchen (15 %), Pfirsichpüree, Zitronensaft, Mangostückchen, Zucker, Glukosesirup, ...

Wird aus der Gesamtheit der verwendeten Früchte eine Frucht besonders hervorgehoben, so ist diese Frucht ebenfalls in Prozent anzugeben, der Prozentanteil der Früchte insgesamt reicht in diesem Fall dann nicht aus. Die angegebene Menge der hervorgehobenen Frucht bezieht sich auf das Enderzeugnis.

Beispiel 4:

Verkehrsbezeichnung: Vanilleeiscreme[2] mit Himbeerfruchtzubereitung
Zutaten: Schlagsahne, entrahmte Milch, Zucker, Himbeerfruchtzubereitung (21 %), Glukosesirup, ...

Erscheint eine zusammengesetzte Zutat in der Bezeichnung, ist gemäß den Leitlinien der Prozentanteil der zusammengesetzten Zutat anzugeben[3]. In dem o.g. Beispiel ist die QUID-Angabe somit für die Himbeerzubereitung erforderlich. Ob im Fall einer Zutat, die in der zusammengesetzten Zutat genannt wird[4], auch eine Mengenkennzeichnung der Zutat zu erfolgen hat, ist nach dem Stand der Diskussion als strittig anzusehen. Die deutsche Fassung der Leitlinien sieht bei einer mit Eiercreme gefüllten Backware nicht nur die Angabe des Anteils der Eiercremefüllung, sondern auch die Angabe des Anteils des Eies als verpflichtend an. Es ist hierbei in der Diskussion, ob der Text der englischen Fassung nicht vielmehr von einer Hervorhebung der Zutat in der zusammengesetzten Zutat ausgeht, z. B. Cremefüllung **mit** Eiern[5], als von der

---

[2] zum Begriff Eiscreme und QUID siehe Seite 95 Beispiel 6
[3] s. Leitlinien, Anm. 5: Cremefüllung
[4] s. Leitlinien, Anm. 5: Eiercremefüllung
[5] s. Leitlinien engl. Fassung: If can ingredient of the compound ingredient ist mentioned, the percentages must be given (e.g. biscuits with a cream filling containing eggs)

bloßen Nennung der Zutat, wie z.B. Eiercremefüllung in der deutschen Fassung, um eine QUID-Angabe der Zutat vorzusehen. Inwieweit diese Auslegung sich durchsetzt, bleibt abzuwarten. Selbst wenn aber von der Pflicht zur Angabe der Sekundärzutat grundsätzlich ausgegangen wird, dürfte in vielen Fällen einer der Ausnahmetatbestände Anwendung finden. Dabei spielen insbesondere die Ausnahmetatbestände der „geringen Menge zur Geschmacksgebung", als auch der der „unterschiedliche Mengen nicht kaufentscheidend" eine wesentliche Rolle. Nicht zuletzt darf außer Acht gelassen werden, daß die Leitlinien weder eine gesetzliche Norm noch eine offizielle Interpretation der Richtlinie darstellen, sondern allenfalls ein Hilfsmittel zur Umsetzung der quantitativen Zutatenkennzeichnung und daß bei der Sinnhaftigkeit der QUID-Angabe in erster Linie auf die Intention der Richtlinie abgestellt werden muß. In dem Fall des o.g. Beispiels wäre auch bei der Betrachtungsweise des deutschen Leitlinientextes die QUID-Angabe der Himbeeren, die in der Fruchtzubereitung enthalten sind, nicht erforderlich, da die Menge dieser Zutat nicht kaufentscheidend ist, sondern lediglich die Menge der Himbeerfruchtzubereitung. Der Prozentanteil der Himbeeren im Enderzeugnis gibt keinerlei Auskunft darüber, wieviel Himbeeren in der Fruchtzubereitung enthalten sind. Je nachdem, aus wieviel zusammengesetzten Zutaten sich das Enderzeugnis zusammensetzt, kann die Prozentangabe der darin genannten Einzelzutat bezogen auf das Enderzeugnis sehr niedrig sein, bezogen auf die zusammengesetzte Zutat aber sehr hoch. Eine solche Angabe ist deshalb unsinnig, bietet keinen Informationsgehalt und kann deshalb auch nicht zur Kaufentscheidung beitragen. Gerade im Speiseeisbereich ist die Mischung mehrerer zusammengesetzter Zutaten in einem Erzeugnis sowohl im Haushaltspackungsbereich als auch im Kleineisbereich üblich. Bei solchen Produkten sind mithin nicht die einzelnen Zutaten, sondern die Gesamtheit, die Rezeptur, für die Kaufentscheidung ausschlaggebend. Sollte im Einzelfall die Fruchtmenge in der Fruchtzubereitung doch charakteristisch für das Enderzeugnis sein, so wird seitens der Hersteller eine solche Zutat in der Regel bildlich dargestellt oder textlich hervorgehoben und führt dann auf diesem Weg zur QUID-Angabe[6].

Beispiel 5:

Verkehrsbezeichnung:  Grießpuddingpulver
Zutaten:                  Hartweizengrieß (46 %), Stärke, Salz, Aroma, ...

Aufgrund der Nennung von Grieß als wertbestimmendem Anteil in der Bezeichnung greift wieder der Auslösetatbestand des § 8 Abs. 1 Nr. 1 des 7. Entwurf zur Änderung

---

[6] bei bildlicher Darstellung keine Ausnahme nach Art. 7 Abs. 3, 4. Gedankenstrich (Kaufentscheidung), s. auch Seite 98

der Lebensmittelkennzeichnungsverordnung. Die Mengenangabe für die Zutat Hartweizengrieß ist danach verpflichtend. Sollte, wie es manchmal üblich ist, bei Grießdesserts neben Weizengrieß auch Maisgrieß zum Einsatz kommen, so ist entweder neben Weizengrieß auch Maisgrieß prozentual anzugeben oder die Zutatengattung Grieß insgesamt bei der Bezeichnung. Gleiches gilt bei süßen Schokoladendesserts, wie z. B. Schokoladenpuddinge, für die verwendeten Kakaoerzeugnisse (Schokolade, Kakaopulver, auch stark entölt u.a.), sowie bei Fruchtdesserts für die verwendeten Früchte. Die Zusammensetzung dieser Erzeugnisse wird in den Leitsätzen für Puddingpulver und verwandte Erzeugnisse [3] beschrieben. Für die eben genannten Zutaten/Zutatengattungen sind dort u. a. Mindestgehalte definiert, die in der Praxis von den Herstellern mehr oder weniger stark überschritten werden, so daß diese Zutaten als kaufentscheidend angesehen werden können. In der Regel wird die QUID-Angabe dieser Zutaten verpflichtend sein; ob dennoch einer der Ausnahmetatbestände greift, ist einzelfallbezogen zu prüfen.

Beispiel 6:

| | |
|---|---|
| Verkehrsbezeichnung: | Waldfruchtgrütze mit Quarkcreme |
| | 35 % Waldfrüchte, 50 % Quarkcreme |
| Zutaten: | Heidelbeeren, Brombeeren, Himbeeren, Zucker, Quark, modifizierte Stärke, .... |

Die Waldfrüchte als Zutatengattung sowie die Quarkcreme als zusammengesetzte Zutat sind prozentual anzugeben, da sie in der Verkehrsbezeichnung genannt werden. Da die Zutatengattung Waldfrüchte keinen Klassennamen nach Anhang 1 Richtlinie 79/112/EWG darstellt, kann die Prozentangabe des Gesamtgehaltes nur in der Bezeichnung vorgenommen werden. Auch hier gilt das unter Beispiel 3 Gesagte, die Hervorhebung einer einzelnen Waldfrucht führt zur QUID-Angabe der einzelnen Frucht. Für die Entscheidung, ob die Prozentangabe des Quarks erforderlich ist, gelten auch die unter Beispiel 4 beschriebenen Überlegungen.

Beispiel 7:

| | |
|---|---|
| Verkehrsbezeichnung: | Cremepulver Sahne-Karamel-Geschmack, |
| | für 300 ml Milch |
| Zutaten: | Zucker, modifizierte Stärke, pflanzliches Fett gehärtet, Glukosesirup, Emulgator..., Aroma, Verdickungsmittel..., Salz, Farbstoff... |

Eine Mengenangabe von Sahne und Karamel ist nicht möglich, da beide Zutaten dem Erzeugnis nicht hinzugesetzt werden. Gekennzeichnet ist das durch die Angabe

„Geschmack" in der Bezeichnung. Üblich sind auch Erzeugnisse wie Götterspeise, Himbeergeschmack o.ä., denen die namengebenden Zutaten nicht hinzugesetzt werden.

Beispiel 8:

Verkehrsbezeichnung: Milchreis, Mischung für 500 ml Milch
Zutaten: Instantreis (61 %), Zucker, Stärke, Verdickungsmittel...

Es ist im Dessertpulverbereich nicht unüblich, daß namengebende Zutaten, wie z.B. Milch oder Sahne vom Verbraucher hinzugegeben werden. Diese Zutaten sind demnach ebenfalls nicht mengenmäßig zu kennzeichnen.

*..., wenn die Verkehrsbezeichnung darauf hindeutet, daß das Lebensmittel die Zutat oder Gattung von Zutaten enthält.*

Beispiel 1:

Verkehrsbezeichnung: Eis mit Pflanzenfett Stracciatella
Zutaten: Entrahmte Milch, Schlagsahne, Zucker, eingedickte entrahmte Milch, Glukosesirup, gehärtetes Pflanzenfett, Schokoblättchen (8 %), eiweißangereichertes Molkenpulver, ...

Es wird die mengenmäßige Angabe von Zutaten für Erzeugnisse gefordert, die zwar nicht namentlich in der Bezeichnung aufgeführt werden, die aber normalerweise vom Verbraucher mit der Verkehrsbezeichnung in Verbindung gebracht werden. Dabei ist auf den Verbraucher im Vermarktungsland abzustellen (so auch LOOSEN, QUID-Kennzeichnung von Zutaten, ZLR 98 S. 632 ), an den sich die Mengenkennzeichnung richtet. Entscheidend ist, ob der Verbraucher tatsächlich aufgrund seiner ihm verfügbaren „Laienkenntnisse" über die Zusammensetzung von Lebensmitteln bestimmte Zutaten mit der Bezeichnung in Verbindung bringt. Bei „Stracciatella" kann dies sicherlich hinsichtlich der Schokoladenstückchen bejaht werden. Die in den Leitlinien vorgeschlagene Hilfestellung[7], mittels einer gedachten Beschreibung des Erzeugnisses die Frage zu klären, welche Zutat mengenmäßig anzugeben ist, führt bei o.g. Beispiel zu folgender Beschreibung: Eis Vanille oder Vanillegeschmack mit Schokoladenstückchen. In diesem Fall ist demnach die Prozentangabe für die Schokostückchen erforderlich. Wichtig ist der Hinweis in den Leitlinien, daß nur die wichtigsten Zutaten, nicht aber alle Zutaten, die zu der gedachten Beschreibung gehören, mengenmäßig anzugeben sind.

---

[7] s. Leitlinien Anm. 6

Beispiel 2:

Verkehrsbezeichnung: Puddingpulver Schokolade
Zutaten: Fettarmer Kakao (28 %), Stärke, Zucker, Geliermittel...,
Vanillin

Es ist verkehrsüblich, daß Erzeugnisse sowohl im Speiseeisbereich als auch im Dessertbereich die Zutat Schokolade im Rahmen der Verkehrsbezeichnung nennen, ohne daß Schokolade im Sinne der Kakaoverordnung Eingang in die Rezepturen findet, sondern Kakaoerzeugnisse wie Kakaopulver stark entölt etc..

Die Angabe „Schokolade" deutet somit auf ein Kakaoerzeugnis hin, für das die QUID-Angabe erforderlich ist.

Beispiel 3:

Verkehrsbezeichnung: Rote Grütze
Zutaten: Wasser, Sauerkirschen (24 %), Zucker, Himbeeren (12 %),
rote Johannisbeeren (7 %), schwarze Johannisbeeren (5 %),
modifizierte Stärke, Verdickungsmittel...

Als gedachte Beschreibung im Sinne der Leitlinien ist „Kompott mit roten Früchten und Zucker" zu formulieren. Als wertbestimmende Zutaten sind die roten Früchte prozentual anzugeben. Da in diesem Fall eine Zutatengattung und nicht bestimmte Früchte oder eine bestimmte Frucht mit der Bezeichnung in Verbindung gebracht werden, ist die QUID-Angabe gemäß Richtlinientext[8] nur auf die Zutatengattung abzustellen, z.B. Rote Grütze mit 48 % Fruchtanteil. Die Prozentangabe der einzelnen Früchte ist mithin nicht erforderlich. Sollte die Prozentangabe bei der Bezeichnung nicht wünschenswert sein, so kann die Prozentangabe auch bei den einzelnen Früchten im Verzeichnis der Zutaten vorgenommen werden[9].

Beispiel 4:

Verkehrsbezeichnung: Eiscreme Birne Helene
Zutaten: Entrahmte Milch, Schlagsahne, Birnenstückchen (10 %),
Zucker, Schokoladensoße (8 %), eingedickte entrahmte
Milch, Stabilisatoren...

---

[8] Art. 7 Absatz 2 Buchstabe a RL 97/4/EG
[9] vgl. Seite 89, Beispiel 2

Die beschreibende Bezeichnung würde hier lauten: Eis mit Birne und Schokoladensoße. Die entsprechenden Zutaten sind mithin prozentual anzugeben.

Beispiel 5:

Desserts oder Speiseeissorten, die Tiramisu/Zabaione/Panna cotta als Geschmacksrichtung in der Bezeichnung angeben

Wie unter Beispiel 1 beschrieben, ist es entscheidend, welche Zutaten der Verbraucher normalerweise mit der Verkehrsbezeichnung in Verbindung bringt. Bei einem als Tiramisu bezeichneten Speiseeis oder Dessert ist es fraglich, ob der Verbraucher Kenntnis über die typischen Zutaten dieser Erzeugnisse hat und bestimmte Zutaten mit dem Erzeugnis verbindet. Anders als bei Stracciatella oder Roter Grütze sind dem Verbraucher vermutlich die wertbestimmenden Zutaten eines als Tiramisu bezeichneten Produktes, nämlich Doppelrahmfrischkäse oder Sahne, Eigelb, Kaffee-Extrakt, Likör, Kakaopulver, ev. Biskuit, nicht bekannt.

In diesem Fall ist auch keine QUID-Angabe der wichtigsten Zutaten notwendig. Entsprechendes gilt für als Zabaione oder Panna Cotta bezeichnete Erzeugnisse. Eine andere Situation ergibt sich, wenn der Hersteller entweder ergänzend zur Verkehrsbezeichnung oder in Form von Hervorhebungen nach § 8 Abs. 1 Nr. 3 des 7. Entwurfs zur Änderung der Lebensmittelkennzeichnungsverordnung auf die wertbestimmenden Zutaten hinweist: z.B. Eiscreme Tiramisu mit Mascaponekäse, Kaffee-Extrakt und mit Kakao bestäubt oder Eiscreme Zabaione mit Ei und Marsalalikörwein.... In diesen Fällen wird die Verpflichtung zur QUID-Angabe ausgelöst, sofern nicht einer der Ausnahmetatbestände, insbesondere der der „kleinen Menge zur Geschmacksgebung" zutrifft.

Beispiel 6:

Vanilleeiscreme mit Schokoladenstückchen
Zutaten:          Schlagsahne, entrahmte Milch, Zucker Glucosesirup, Schokoladenstückchen (7 %), natürliches Aroma, ...

Durch die Sortenbezeichnung Eiscreme wird keine Verpflichtung zur Mengenkennzeichnung ausgelöst. Gemäß den Leitsätzen für Speiseeis und Speiseeishalberzeugnisse [1] enthält Eiscreme mindestens 10 Prozent der Milch entstammendes Fett. Das Milchfett wird von den Herstellern entweder in Form von Butterreinfett, Schlagsahne, Sahne oder Vollmilch o.a. milchfetthaltenden Zutaten hinzugesetzt. Es gibt danach keine bestimmte, charakteristische Zutat für die Eissorte Eiscreme. Mithin ist keiner der Auslösetatbestände zur QUID-Kennzeichnung anwendbar, es wird keine Zutat in der Verkehrsbezeichnung genannt und wie eben ausgeführt auch keine Zutat mit dem Erzeugnis in Verbindung gebracht. Die milchfetthaltigen Zutaten sind auch nicht von wesentlicher Bedeutung, für die Unterscheidung dieses Lebensmittels von anderen, mit denen es aufgrund seiner Verkehrsbezeichnung verwechselt werden könnte, sondern die dem Basismix Eiscreme zugesetzten Zutaten wie Früchte, Nüsse, Schokostückchen etc. Die hier vertretene Auffassung geht konform mit einem Positionspapier von Euroglace zur QUID-Kennzeichnung von Speiseeis [2].

Die Bezeichnung Eiscreme ansich löst also keine Mengenkennzeichnung aus, anders ist die Situation allerdings zu beurteilen, wenn Sahne oder Milch z. B. durch Abbildungen auf dem Etikett hervorgehoben werden.

*..., wenn die Zutat oder Gattung von Zutaten auf dem Etikett durch Worte, Bilder oder eine graphische Darstellung hervorgehoben ist.*

Beispiel 1:

| | |
|---|---|
| Verkehrsbezeichnung: | Fruchteis Heidelbeer und Eiscreme Vanille, |
| bildliche Darstellung: | Produktabbildung und Zeichnung einer Milchkanne und eines Sahnepotts, |
| textliche Hervorhebung: | mit Joghurtinsel im Vanilleeiscreme |
| Zutaten: | Entrahmte Milch (25 %), Schlagsahne (23 %), Zucker, Heidelbeermark (21 %), Glucosesirup, Joghurt (4,7 %), eingedickte entrahmte Milch, .... |

Jede Hervorhebung auf dem Etikett außerhalb der Verkehrsbezeichnung löst die Verpflichtung zur Mengenkennzeichnung aus. Die bloße Produktabbildung ist noch keine Hervorhebung im Sinne dieser Bestimmung, die Garnierung des abgebildeten Produkts mit bestimmten Zutaten im Rahmen eines kenntlichgemachten Serviervorschlages ebenfalls nicht[10]. Gemeint ist eine selektive Herausstellung bestimmter Zutaten, wie in o.g. Beispiel der Milch durch Abbildung einer Milchkanne und der Sahne durch Abbildung eines Sahnepotts. Diese Zutaten müssen prozentual angegeben werden, sofern keiner der Ausnahmetatbestände zutrifft. Textliche Hervorhebungen, die über eine bloße Erwähnung von Zutaten hinausgehen, lösen ebenfalls die Verpflichtung zur QUID-Kennzeichnung aus, wie an dem o.g. Beispiel Joghurt betreffend demonstriert wird. Die Entscheidung darüber, ob eine bloße Erwähnung einer Zutat ohne jeden „quantitativen Bezug" oder eine Hervorhebung der Zutat im Sinne der Vorschrift ge-

---

[10] s. Leitlinien, Anm. 7 iii

geben ist, ist einzelfallbezogen aus dem Gesamtkonzept der Packungsgestaltung zu fällen. Dabei spielen Buchstabengröße, Schrifttyp- und Farbe eine entscheidende Rolle. Entscheidungshilfen finden sich in den Leitlinien Anmerkung 7, wonach zum Beispiel Abbildungen sämtlicher Lebensmittelbestandteile keine Hervorhebung sind, auch nicht Abbildungen von Zubereitungsanleitungen oder wie oben bereits beschrieben Produktabbildungen.

Beispiel 2:

| | |
|---|---|
| Verkehrsbezeichnung: | Grüne Grütze mit Bourbon-Vanille-Sahne-Soße (30 %) |
| textliche Hervorhebung: | mit der Extra-Portion Sahne in der Soße |
| Zutaten: | Wasser, Zucker, entrahmte Milch, Stachelbeeren (17 %), Sahne (12 %), Ananas (10 %), Kiwi (9 %), modifizierte Stärke, Verdickungsmittel ... |

Durch Nennung in der Verkehrsbezeichnung besteht bereits die Verpflichtung zur Mengenkennzeichnung der grünen Früchte insgesamt[11] als Zutatengattung, sowie der Bourbon-Vanillesoße als zusammengesetzter Zutat. Die bloße Nennung der Zutat Sahne in der zusammengesetzten Zutat Soße allein löst noch nicht unbedingt eine Verpflichtung zur Mengenkennzeichnung aus[12]. Der textliche Hinweis „mit der Extra-Portion Sahne" signalisiert den Stellenwert dieser Zutat für die Kaufentscheidung und ist somit als Hervorhebung der Zutat Sahne zu werten.

Beispiel 3:

| | |
|---|---|
| Verkehrsbezeichnung: | Diabetiker-Vanilleeiscreme und Diabetiker-Erdbeereiscreme |
| Text: | Mit einer Zuckerart und Süßungsmittel |
| Zutaten: | Entrahmte Milch, Butterreinfett, Erdbeermark (6 %, Fruktose, eingedickte entrahmte Milch, Sorbit, Stabilisatoren ..., |

Der Hinweis „mit einer Zuckerart und Süßungsmittel" ist für Erzeugnisse, die diese Zutaten enthalten, auf dem Etikett vorgeschrieben[13], dieser Hinweis muß in Verbindung mit der Verkehrsbezeichnung angegeben werden. Die Angabe der Süßungsmittelmenge ist nicht ausschlaggebend für die Entscheidung des Verbrauchers beim Kauf des Lebensmittels und führt gemäß Art. 1 der Ausnahmerichtlinie [4] 99/10/EG der Kommission nicht zur quantitativen Kennzeichnung dieser Zutaten. Gleiches gilt für

---

[11] der wahlweise der einzelnen Früchte im Zutatenverzeichnis, siehe auch Seite 89, Beispiel 2
[12] vgl. Seite 90, Beispiel 4 zum Thema „zusammengesetzte" Zutat
[13] RL 94/54/EG geändert durch RL 96/21/EG

Auslobungen den Vitamin- und Mineralstoffgehalt betreffend, da diese Zutaten bereits im Rahmen der Nährwertkennzeichnung mengenmäßig anzugeben sind. Solche Erzeugnisse sind besonders im (Kinder-)Dessertbereich nicht unüblich. Nicht nachvollziehbar ist in diesem Zusammenhang, daß die Kommission die Ausnahme nur für Hinweise betreffend den Vitamin- und Mineralstoffgehalt vorsieht und nicht wie es im Sinn der QUID-Reglung gewesen wäre, auch für alle anderen Hinweise von Nährstoffen, die im Rahmen der Nährwertkennzeichnung anzugeben sind.

Beispiel 4:

Verkehrsbezeichnung:  Waldbeergrütze (50 % Frucht)
Textliche Hervorhebung: mit Walderdbeeren
Zutaten:  Wasser, Himbeeren, Zucker, Walderdbeeren (12 %), Brombeeren, Heidelbeeren, Preiselbeeren, modifizierte Stärke, ...

Die selektive Herausstellung der Walderdbeeren aus der Gesamtheit der Waldbeeren in der Bezeichnung löst die Verpflichtung zur Mengenkennzeichnung der Walderdbeeren aus. Entsprechendes gilt für die selektive Abbildung der Walderdbeeren. Die Abbildung aller verwendeten Waldbeersorten führt demgegenüber nicht zur Mengenkennzeichnung der einzelnen Waldbeersorten.

*..., wenn die Zutat oder Zutatengattung von wesentlicher Bedeutung für die Charakterisierung des Lebensmittels und seine Unterscheidung von anderen Lebensmitteln ist, mit denen es aufgrund seiner Verkehrsbezeichnung oder seines Aussehens verwechselt werden könnte.*

Dieser Resttatbestand kommt nur dann zur Anwendung, wenn die betreffende Zutat nicht bereits durch einen der anderen Auslösetatbestände mengenmäßig anzugeben ist. Das heißt, die betreffende Zutat ist weder in der Verkehrsbezeichnung genannt, noch wird sie vom Verbraucher mit der Bezeichnung in Verbindung gebracht noch ist sie auf dem Etikett durch Worte, Bilder oder eine graphische Darstellung hervorgehoben, die Zutat ist aber dennoch von wesentlicher Bedeutung für die Charakterisierung des Lebensmittels und Unterscheidung von anderen Lebensmitteln. Im Dessert- und Speiseeisbereich sind solche Fälle kaum oder nicht von praktischer Bedeutung. In den Leitlinien wird dazu ausgeführt, daß diese Bestimmung Erzeugnisse betrifft, deren Zusammensetzung von einem Mitgliedstaat zum anderen sehr unterschiedlich sein kann, die jedoch unter der gleichen Bezeichnung in den Handel gebracht werden[14].

---

[14] s. Leitlinien, Anm. 9

Für Speiseeis wird im Rahmen des Euroglace-Codex für Speiseeis [5] eine gemeinsame Europäische Verkehrsauffassung für Speiseeis beschrieben. Mindestanforderungen an die einzelnen Sorten werden darin genannt, die im Wesentlichen mit denen in den deutschen Leitsätzen für Speiseeis und Halberzeugnisse [1] übereinstimmen. Es wird mithin in der Praxis kaum Speiseeiserzeugnisse geben, die unter gleicher Bezeichnung im Handel, aber sehr unterschiedlich zusammengesetzt sind.

## Ausnahmen von der Verpflichtung zur Mengenkennzeichnung

*..., für eine Zutat oder Gattung von Zutaten, deren Abtropfgewicht nach § 11 der Fertigpackungsverordnung angegeben ist.*

Dieser Ausnahmetatbestand hat für Speiseeis und Desserts keine praktische Bedeutung.

*...für eine Zutat oder Gattung von Zutaten, deren Mengenangabe auf dem Etikett bereits vorgeschrieben ist.*

Auch dieser Ausnahmetatbestand kommt für Speiseeis und Desserts nicht zur Anwendung, sondern lediglich für die Lebensmittel, die von den in Anhang A genannten Bestimmungen betroffen sind, wie z. B. Konfitüren und Fruchtsäfte.

*... für eine Zutat oder Gattung von Zutaten, die in geringer Menge zur Geschmacksgebung verwendet werden.*

Beispiel 1:

| | |
|---|---|
| Verkehrsbezeichnung: | Eiscreme Bourbon-Vanille |
| Zutaten: | Entrahmte Milch, Schlagsahne, Zucker, eingedickte entrahmte Milch, Glukosesirup, eiweißangereichertes Molkenpulver, Stabilisatoren ..., Emulgator ..., natürliches Bourbon-Vanille-Aroma, Malzextrakt, gemahlene Vanilleschoten |

Sowohl das Vanillearoma als auch die gemahlenen Vanilleschoten sind Zutaten, die in kleinen Mengen zur Geschmacksgebung verwendet werden und somit von diesem Ausnahmetatbestand erfaßt werden. Dabei spielt es keine Rolle, durch welchen der in § 8 Abs. 1 des 7. Entwurfs zur Lebensmittelkennzeichnungsverordnung aufgeführten Tatbestände eine Mengenkennzeichnung der Zutaten ausgelöst wurde. Das heißt, daß die Ausnahme für Zutaten in kleiner Menge zur Geschmacksgebung anwendbar ist, unabhängig, ob die Zutat, hier Vanille, in der Bezeichnung genannt wird, durch Abbildung einer Vanilleblüte hervorgehoben wird oder mit der Bezeichnung in Verbindung gebracht wird (Stracciatella).

Beispiel 2:

Verkehrsbezeichnung: Eis mit Pflanzenfett Zabaione und Kirschzubereitung
textliche Hervorhebung: mit Marsalalikörwein
Zutaten: Entrahmte Milch, Kirschzubereitung (18 %), Zucker, eingedickte entrahmte Milch, Glukosesirup, Pflanzenfett gehärtet, flüssiges Eigelb, eiweißangereicherts Molkenpulver, Marsalalikörwein, Emulgator ...

Die textliche Hervorhebung des Marsalalikörweins löst nach Art. 7 Abs. 2 Buchstabe b der Richtlinie 97/4/EG die Verpflichtung zur Mengenkennzeichnung aus. Üblicherweise sind nur kleine Mengen solcher alkoholischen Zutaten erforderlich, um einen deutlich wahrnehmbaren Geschmack zu erzielen. In der Regel ist die Verwendung alkoholischer Zutaten deshalb unter die Ausnahme der „kleinen Menge zur Geschmacksgebung" zu subsumieren, so daß die Mengenkennzeichnung entfällt. Bei Erzeugnissen wie Weincreme hingegen könnte die Mengenkennzeichnung des Weins erforderlich sein, da üblicherweise bei diesen Erzeugnissen ein über die „kleine Menge" hinausgehender Anteil hinzugesetzt wird.

Beispiel 3:

Verkehrsbezeichnung: Eiscreme Tiramisu
Textliche Hervorhebung: Mit Mascarponekäse und Kaffee
Zutaten: Entrahmte Milch, Schlagsahne, Mascarponekäse (10 %), Zucker, Glukosesirup, fettarmes Kakaopulver, Marsalalikör, eiweißangereichertes Molkenpulver, Kaffee-Extrakt, Stabilisatoren ...

An dem Beispiel Kaffee-Extrakt kann verdeutlicht werden, daß es nicht Sinn und Zweck der Regelung sein kann, den unbestimmten Rechtsbegriff der kleinen Menge an einen maximalen Prozentsatz binden zu wollen. Je nach Herstellung kann eine Zutat wie Kaffee-Extrakt mit identischen Trockenmassegehalten (Kaffeepulver) aber unterschiedlichen Verdünnungsstufen einen gedachten Prozentsatz über- oder unterschreiten. Entscheidend im Sinn der Vorschrift ist, ob eine kleine Menge verwendet wurde und ob ihre Zweckbestimmung die Geschmacksgebung ist. So kann auch ein höherer Anteil zur Ausnahme berechtigen, besonders bei gering konzentrierten Zutaten. Im o.g. Beispiel kommen etwa 3 % Kaffee-Extrakt zum Einsatz, die als geschmacksgebende Zutat in kleiner Menge dem Ausnahmetatbestand entspricht.

Beispiel 4:

Verkehrsbezeichnung: Eis mit Pflanzenfett, Vanillegeschmack mit kakaohaltiger Fettglasur

Zutaten: Entrahmte Milch, kakaohaltige Fettglasur (13 %), Zucker, gehärtetes Pflanzenfett, eingedickte entrahmte Milch, Glukosesirup, Emulgator ..., Stabilisatoren ...

Die kakaohaltige Fettglasur ist als zusammensetzte Zutat prozentual anzugeben[15]. Die Zutat Kakao in der Fettglasur ist als kleine Menge zur Geschmacksgebung anzusehen.

Beispiel 5:

Verkehrsbezeichnung: Milchreis Apfel-Zimt, Milch zugeben

Zutaten: Instantreis (60 %), Zucker, Stärke, modifizierte Stärke, getrocknete Apfelstücke (4 %), Geliermittel, Aroma, Zimt, Emulgator ...

Kräuter und Gewürze sind in der Regel ebenfalls Zutaten, die in geringen Mengen zur Geschmacksgebung in Lebensmitteln verwendet werden. Sie unterliegen deshalb nicht der Verpflichtung der Mengenkennzeichnung; so auch die Zutat Zimt im o.g. Beispiel. Die Apfelstücke nehmen als Frischerzeugnis einen wesentlich höheren Anteil als 4 % an und gehen deshalb über die kleine Menge zur Geschmacksgebung hinaus.

Beispiel 6:

Verkehrsbezeichnung: Götterspeise Waldmeistergeschmack

Zutaten: Zucker, Säuerungsmittel ..., Geliermittel ..., (Waldmeister-) Aroma, Farbstoffe ...

Vor allem für Aromen ist dieser Ausnahmetatbestand anwendbar, da sie fast immer in geringen Mengen zur Geschmacksgebung eingesetzt werden und häufig als geschmacksgebende Zutat im Rahmen der Verkehrsbezeichnung genannt werden.

---

[15] vgl. Seite 90, Beispiel 4

Beispiel 7:

| | |
|---|---|
| Verkehrsbezeichnung: | Sahne-Dessert-Soße Karamel |
| Zutaten: | Wasser, Zucker, Schlagsahne (16 %), Karamelzuckersirup, modifizierte Stärke, Karamel, Emulgator ..., Salz, Aroma, Verdickungsmittel ... |

Karamel ist in diesem Beispiel ebenfalls als Zutat in geringer Menge zur Geschmacksgebung nicht zu quantifizieren. Während Zutaten wie Aromen, Gewürze und Kräuter üblicherweise in kleinen Mengen eingesetzt werden, ist bei Zutaten wie Karamel, Nüssen, Honig, Kakaopulver etc. einzelfallbezogen zu entscheiden, inwiefern eine kleine Menge zur Geschmacksgebung oder eine wertgebende, die Kaufentscheidung beeinflussende Menge verwendet wurde.

*... für eine Zutat oder Gattung von Zutaten, die, obwohl sie nicht in der Verkehrsbezeichnung aufgeführt wird, für die Wahl des Verbrauchers nicht ausschlaggebend ist, da unterschiedliche Mengen für die Charakterisierung des betreffenden Lebensmittels nicht wesentlich sind und es nicht von ähnlichen Lebensmitteln unterscheiden.*

Beispiel 1:

| | |
|---|---|
| Verkehrsbezeichnung: | Eis mit Pflanzenfett Haselnuß |
| Zutaten: | Entrahmte Milch, eingedickte entrahmte Milch, Zucker, Glukosesirup, Pflanzenfett gehärtet, Haselnußmark (9 %), Emulgator .., |

Dieser Ausnahmetatbestand gilt nur für Fälle, in denen der Name der Zutat in der Bezeichnung des Lebensmittels erscheint. Die Zutat Pflanzenfett ist unter diesen Ausnahmetatbestand zu subsumieren, denn nicht der Gehalt an pflanzlichem Fett, sondern vielmehr die geschmacksbeeinflussenden Zutaten wie Früchte, Nüsse, Fruchtzubereitungen, Soßen etc. sind das wesentliche Unterscheidungskriterium zwischen den einzelnen Produkten. In den anderen Mitgliedsstaaten der Europäischen Gemeinschaft haben die Sorten, die mit Pflanzenfett hergestellt werden, Verkehrsbezeichnungen, in denen kein Bezug zu der Zutat Pflanzenfett hergestellt wird. So lautet beispielsweise die englische Bezeichnung „Ice Cream", die französische Bezeichnung „Glace", die italienische Bezeichnung „Gelado". In dem Positionspapier von Euroglace zur QUID-Kennzeichnung [2] wird deshalb dazu ausgeführt, daß für den Basismix „Ice Cream" keine charakteristische Zutat zu definieren ist. Unterschiedliche Pflanzenfettgehalte haben keinen Einfluß auf die Kaufentscheidung des Verbrauchers. Nur in der deutschen Sprache kommt die Zutat Pflanzenfett in der Verkehrsbezeichnung vor. Es kann mithin die Zutat nicht in Deutschland als kaufentscheidend angesehen werden, wenn das in allen anderen Mitgliedstaaten der EU nicht der Fall ist. Vor dem Hintergrund des freien Warenverkehrs muß die Vorschrift die gleichen Erzeugnisse betreffend konform ausgelegt werden.

Beispiel 2:

| | |
|---|---|
| Verkehrsbezeichnung: | Wassereis Colageschmack |
| Zutaten: | Wasser, Zucker, Zitronensaft, Glukosesirup, Traubenzucker, Aroma, Stabilisatoren ..., Emulgator ... |

Sicherlich ist hinsichtlich der Zutat Wasser diese Ausnahme ebenfalls anzuwenden.

Der Bezug auf Wasser in der Verkehrsbezeichnung ist erforderlich, um zu zeigen, daß keine Milchbestandteile Eingang in die Rezeptur gefunden haben, die Trockenmassebestandteile kommen stattdessen vom Zucker. Unterschiedliche Mengen Wasser unterscheiden diese Erzeugnisse nicht von ähnlichen, sind für die Wahl des Verbrauchers deshalb nicht ausschlaggebend [2].

Beispiel 3:

| | |
|---|---|
| Verkehrsbezeichnung: | Milchspeiseeis Pfirsich |
| Zutaten: | Vollmilch, Glukosesirup, Zucker, Pfirsichmark (10 %), Stabilisatoren ..., natürliches Aroma, Emulgator ..., |

Milchspeiseeis enthält gemäß den Leitsätzen für Speiseeis [1] mindestens 70 % Vollmilch, was auch der europäischen Verkehrsauffassung für diese Sorte entspricht [5]. Die Verkehrsbezeichnung Milcheis oder Milchspeiseeis rührt her von der traditionellen Verwendung von Vollmilch bei der Herstellung der Sorte. Variationen in der Menge der Vollmilch oberhalb der 70 % sind als gering einzustufen, so daß der Ausnahmetatbestand des § 8 Abs. 2 Nr. 1d des 7. Entwurfs zur Änderung der Lebensmittelkennzeichnungsverordnung zur Anwendung kommt [2].

Beispiel 4:

Dessertprodukte und Speiseeis aus mehreren zusammengesetzten Zutaten und Unterzutaten.

Bei Erzeugnissen, die aus mehreren Komponenten bestehen, verringern sich die Anteile am Gesamtprodukt oft nicht unerheblich, obwohl ihr Anteil in der Einzelkomponente hoch ist, z. B. Quark in der Quarkcreme. Bei solchen Erzeugnissen dürfte das Interesse des Verbrauchers an den Anteilen der Einzelzutaten am Gesamtprodukt nicht von Interesse sein. Kaufentscheidend bei solchen Produkten ist das Zusammenwirken der Komponenten und die Gewichtung der zusammengesetzten Zutaten. Besonders im Impulseisbereich sind solche Erzeugnisse anzutreffen, die sehr komplex zusammengesetzt sind und bei denen die Gewichtung der Einzelzutat keine Rolle spielt. Die Anwendbarkeit dieses Ausnahmetatbstandes bei derartigen Erzeugnissen ist sorgfältig am Einzelfall zu prüfen.

*..., wenn in Rechtsvorschriften die Menge der Zutat oder Gattung von Zutaten genau festgelegt, deren Angabe auf dem Etikett aber nicht vorgesehen ist.*

Für den Speiseeisbereich existieren überhaupt keine Rechtsvorschriften, die die Zusammensetzung von Speiseeis, in welcher Form auch immer, regeln. Gleiches gilt für den Dessertbereich. Der Ausnahmetatbestand hat mithin keine praktische Bedeutung für diese Erzeugnisse.

*...in den Fällen des § 6 Abs. 2 Nr. 5.*

Beispiel 1:

| | |
|---|---|
| Verkehrsbezeichnung: | Kaltschale mit Erdbeeren, Kirschen, Johannisbeeren und Himbeeren |
| Rezeptur: | Von jeder Frucht zwischen 10 und 12 % enthalten |
| Zutaten: | Wasser; Erdbeeren, Kirschen, Johannisbeeren und Himbeeren in veränderlichen Gewichtsanteilen; |

Gemäß § 6 Abs. 2 Nr. 5 Lebensmittelkennzeichnungsverordnung können im Fall von Obst- und Gemüsemischungen, die sich in ihrem Gewichtsanteil nicht wesentlich unterscheiden, die Einzelbestandteile im Verzeichnis der Zutaten in einer anderen Reihenfolge als der absteigenden aufgezählt werden, wenn der Vermerk „in veränderlichen Gewichtsanteilen" hinzugefügt wird.

Solche Obst- oder Gemüsebestandteile sind von der QUID-Angabe befreit, unabhängig durch welchen Tatbestand die Verpflichtung zur QUID-Angabe ausgelöst wurde.

### Berechnung und Art und Weise Kennzeichnung

Beispiel 1 zum Ort der Mengenangabe:

| | |
|---|---|
| Verkehrsbezeichnung: | Erdbeereis/(Erdbeerfruchteis) |
| Zutaten: | Erdbeeren, Zucker, entrahmte Milch, Glukosesirup, eingedickte entrahmte Milch, natürliches Aroma, ... |

Die Mengenangabe der betreffenden Zutat oder Zutatengattung kann wahlweise in der Verkehrsbezeichnung oder in ihrer unmittelbaren Nähe oder im Verzeichnis der Zutaten vorgenommen werden. Hieraus ergeben sich für das o.g. Beispiel mit der Verpflichtung zur QUID-Angabe für die Erdbeeren folgende Möglichkeiten:

Möglichkeit 1: Erdbeereis mit 20 % Erdbeeren

Möglichkeit 2: Erdbeereis, in unmittelbarer Nähe: mit 20 % Erdbeeren im Fruchteis

Möglichkeit 3: Die Prozentangabe der Erdbeeren im Verzeichnis der Zutaten

Wenn die mengenmäßige Angabe der Verkehrsbezeichnung beigefügt ist, gibt es keine Vorschriften darüber, auf welcher Seite der Verpackung die Angabe zu erfolgen hat[16]. Die Wahlmöglichkeit, die QUID-Angabe entweder bei der Verkehrsbezeichnung oder im Zutatenverzeichnis vorzunehmen, wird in den Fällen eingeschränkt, wo die zur Mengenangabe verpflichtete Zutat oder Zutatengattung keine für das Zutatenverzeichnis zulässige Bezeichnung darstellt.

Beispiel 2 zur Berechnung:

Verkehrsbezeichnung:     Milcheis Vanille
Bildliche Hervorhebung von Milch
Zutaten:                 Vollmilch (70 %), Glukosesirup, Zucker, ...
Zutaten zum Zeitpunkt der Verarbeitung: Wasser, Vollmilchpulver, Glukosesirup, ...

Es ist grundsätzlich der prozentuale Anteil der Zutat zum Zeitpunkt ihrer Verarbeitung anzugeben[17]. Von diesem Grundsatz gibt es jedoch Abweichungen, die für den Speiseeis- und Dessertbereich eine wichtige Rolle spielen. Die Abweichungen orientieren sich an den Ausnahmeregelungen des § 6 Absatz 2 Nr. 1, 2 und 4 der Lebensmittelkennzeichnungsverordnung. So kann die Menge an Zutaten, die in konzentrierter Form verwendet werden und während der Herstellung wieder in ihren ursprünglichen Zustand zurückgeführt werden, nach Maßgabe ihres Gewichtsanteils vor der Eindickung oder Trocknung angegeben werden. In dem o.a. Beispiel wurde das Vollmilchpulver rechnerisch zu Vollmilch zurückverdünnt. Die QUID-Angabe bezieht sich dann auf den Vollmilchgehalt im Erzeugnis. Entsprechendes gilt für Fruchtsaftkonzentrate, eingedickte Magermilch, Eipulver und andere eingedickte oder konzentrierte Zutaten, die während der Herstellung in ihren ursprünglichen Zustand zurückgeführt werden.

---

[16] s. Leitlinien Anm. 29
[17] § 8 Absatz 4 Satz 1 des Entwurfs der 7. Verordnung zur Änderung der Lebensmittelkennzeichnungsverordnung (LMKV)

Beispiel 3 zur Berechnungsweise:

Verkehrsbezeichnung: Zitronenmousse (Pulver)

Zutaten: Zucker, Glukosesirup, Gelatine, modifizierte Stärke, pflanzliches Fett gehärtet, Emulgator ..., Magermilchpulver, Säuerungsmittel, Stärke, Magermilchpulver, Geliermittel ..., Zitronenfruchtpulver (0,39 %)*, Zitronensaftkonzentrat getrocknet (0,38 %)*, Maltodextrin, Aroma, Farbstoff ..., Sorbit

\* Fruchtpulver und getrockneter Fruchtsaft entsprechen 7,45 % frischen Zitronen

Eine weitere Ausnahme vom Grundsatz, die prozentual zu kennzeichnende Zutat bezogen auf den Zeitpunkt ihrer Verarbeitung anzugeben, ist die Möglichkeit, bei konzentrierten oder getrockneten Lebensmitteln, denen Wasser zugefügt werden muß (nach der Herstellung), die Menge ihres Gewichtsanteils im zurückgeführten Erzeugnis anzugeben.

### Tab. 2.10 Beispiele zur QUID-Kennzeichnung für Speiseeis im Überblick

| Verkehrsbezeichnung | Zutatenverzeichnis | Rechtsgrundlage, Entwurf zur 7. Änderung der LMKV |
|---|---|---|
| Fruchteis Pfirsich | Wasser, Pfirsich (20 %), Zucker, Glukosesirup,..... | § 8 Absatz 1 Nr. 1 |
| Tropicfruchteis (20 % Früchte) | Wasser, Ananas, Pfirsich, Zitronensaft, Mango, Zucker, ... | § 8 Absatz 1 Nr. 1 |
| Tropicfruchteis mit Ananas, enthält insgesamt 20 % Frucht | Wasser, Ananas (15 %), Pfirsich, Zitronensaft, Glukosesirup, ... | § 8 Absatz 1 Nr. 1 |
| Vanilleeiscreme | Schlagsahne, entrahmte Milch, Glukosesirup, ..... | Kein QUID § 8 Absatz 2 Nr. 1c (betr. Vanille) |
| Schokoladeneiscreme | Schlagsahne, entrahmte Milch Kuvertüre (10 % ), ----- | § 8 Absatz 1 Nr. 1 |

**Tab. 2.10 (Fortsetzung)**

| Verkehrsbezeichnung | Zutatenverzeichnis | Rechtsgrundlage, Entwurf zur 7. Änderung der LMKV |
|---|---|---|
| Eis mit Pflanzenfett Vanille | Entrahmte Milch, Pflanzenfett, Zucker, eingedickte entrahmte Milch,.. | § 8 Absatz 2 Nr. 1d (betr. Pflanzenfett) |
| Eis mit Pflanzenfett Stracciatella | Entrahmte Milch, Pflanzenfett, Zucker, eingedickte entrahmte Milch, ..., Schokoblättchen (8 %) | § 8 Absatz 1 Nr. 2 (betr. Schoko- blättchen) |
| Wassereis Cola- geschmack | Wasser, Zucker, Zitronensaft, Glukosesirup, Traubenzucker, Aroma,... | kein QUID § 8 Absatz 2 Nr. 1d (betr. Wasser) |
| Milchspeiseeis Pfirsich | Vollmilch, Glukosesirup, Zucker, Pfirsichmark (10 %), Stabili- satoren, ... | § 8 Absatz 2 Nr. 1d (betr. Milch) |

**Tab. 2.11 Beispiele zur QUID-Kennzeichnung für Desserts im Überblick**

| Verkehrsbezeichnung | Zutatenverzeichnis | Rechtsgrundlage, Entwurf zur 7. Änderung der LMKV |
|---|---|---|
| Grießpuddingpulver | Hartweizengrieß (46 %), Stärke, Salz, Aroma, ... | § 8 Absatz 1 Nr. 1 |
| Waldfruchtgrütze mit Quarkcreme 35 % Waldfrüchte, 50 % Quarkcreme | Heidelbeeren, Brombeeren, Himbeeren, Zucker, Quark, modifizierte Stärke, ... | § 8 Absatz 1 Nr. 1 |
| Cremepulver Sahne- Karamelgeschmack | Zucker, Stärke, pflanzliches Fett, Glukosesirup, Aroma, ... | kein QUID |
| Milchreis, Mischung für 500 ml Milch | Instantreis (61 %), Zucker, Stärke, Verdickungsmittel, ... | § 8 Absatz 1 Nr. 1 |

**Tab. 2.11 (Fortsetzung)**

| Verkehrsbezeichnung | Zutatenverzeichnis | Rechtsgrundlage, Entwurf zur 7. Änderung der LMKV |
|---|---|---|
| Puddingpulver Schokolade | Fettarmer Kakao (28 %), Stärke, Zucker, Geliermittel,... | § 8 Absatz 1 Nr. 2 |
| Rote Grütze | Wasser, Sauerkirschen (24 %), Zucker, Himbeeren (12 %), Johannisbeeren (7 % ), ... | § 8 Absatz 1 Nr. 2 |
| Waldbeergrütze (50 % Frucht) mit viel Walderdbeeren | Wasser, Himbeeren, Zucker, Walderdbeeren (12 %), Brombeeren,.... | § 8 Absatz 1 Nr. 3 |
| Milchreis Apfel-Zimt, Milch zugeben | Reis (60 %), Zucker, Stärke, modifizierte Stärke, getrocknete Apfelstücke (4 %), Aroma, Zimt, ... | § 8 Absatz 2 Nr. 1c (betr. Zimt) |

## Literatur

[1] Leitsätze für Speiseeis und Speiseeishalberzeugnisse, BAnz Nr. 101 vom 31.5.1995

[2] Euroglace Positionspapier, QUID, Application to Edible Ices, 119/97, Rev./3D/EG, vom 30.4.1998

[3] Leitsätze für Pudding, andere süße Desserts und verwandte Erzeugnisse, BAnz Nr. 66a vom 9.4.1999

[4] Richtlinie der Kommission 1999/10/EG über Ausnahmen von Art. 7 der Richtlinie 79/112/EG des Rates hinsichtlich der Etikettierung von Lebensmitteln, Amtsblatt der EG, L 69/22 vom 16.3.1999

[5] Codex für Speiseeis und Euroglace

## 2.9 Teigwaren und Getreidemahlerzeugnisse

G. GRANEL

### Teigwaren

Teigwaren, also Nudeln und Spätzle, werden aus Weizenmahlerzeugnissen meist unter Verwendung von Ei hergestellt. Weitere Zutaten, wie verschiedene Getreidemahlerzeugnisse und Gemüsezusätze sind üblich. Die unterschiedlichen Rezepturen spiegeln sich oft in der Kennzeichnung wider. Diese Kennzeichnung kann dann wieder Auslöser für Quid sein. Unterschiedliche Ausformungen (Spaghetti, Bandnudeln usw.) lösen Quid nicht aus. Auch eine bestimmte Rezeptur als solche löst Quid nicht aus.

### Unterschiedliche Rezepturen und damit verbundene Kennzeichnungen

#### a) Hartweizenteigwaren

In dem für die Kennzeichnung einfachsten Fall werden Teigwaren nur aus Hartweizengrieß (oder anderen Weizenmahlerzeugnissen) und Wasser hergestellt. Das Wasser, das zur Teigbereitung verwendet wird, verdampft während der Produktion vollständig. Üblicherweise wird bei eifreien Teigwaren Hartweizengrieß verwendet. Das fertige Produkt ist ein Monoprodukt, eine Prozent-Angabe der Zutat ist nicht erforderlich, darf aber angewandt werden (z. B. 100 Prozent Hartweizengrieß). Daß die Beschaffenheit des Getreides hinsichtlich Fremdgetreide sich nach den üblichen Gepflogenheiten (EU-Interventionsbedingungen) richtet, sei nur der Vollständigkeit halber erwähnt.

#### b) Eierteigwaren

Eierteigwaren bilden das bedeutendste Segment auf dem deutschen Teigwarenmarkt. Bei Nennung des Wortes „Eierteigwaren" in der Kennzeichnung oder bei entsprechenden Abbildungen wird immer eine Prozent-Angabe über die Einwaage an Eiprodukten notwendig sein. Da bei „flüchtigen Lebensmitteln", d. h. bei Lebensmitteln, die im Produktionsprozess deutlich an Gewicht verlieren, die Prozent-Angabe der Zutat auf Enderzeugnis bezogen wird, wird also das eingewogene flüssige Vollei auf das Gewicht der fertigen Teigwaren berechnet (vgl. Leitlinien Nr. 26). Damit wird die im europäischen Ausland seit langem angewandte Berechnungsweise übernommen.

Bei der Verwendung von getrockneten Eiprodukten wird man, da der Wasserverlust vernachlässigbar ist, den Eigehalt an der Summe der Zutaten messen müssen, d. h. an der Summe von Trockenvolleipulver oder Trockeneigelb und Getreidemahlerzeugnissen. Eine Rekonstruktion mit Wasser zu Flüssigvollei ist nicht möglich, da auf diese Weise nie wieder unverwechselbares Flüssigvollei würde.

Vergleicht man das Ergebnis der beiden Berechnungen mit Vollei (flüssig) und Vollei (getrocknet), so wird man feststellen, daß bei nahezu gleicher Rezeptur die Prozent-Angaben des Eigehaltes wesentlich voneinander abweichen: bei einer 4-Ei-Teigware muß man ca. 20 Prozent bei Einsatz von flüssigem Vollei und ca. 5 Prozent bei der Verwendung von Trockenvollei in der Kennzeichnung angeben. Dies wird für keinen Leser verständlich oder informativ sein. Begründet werden kann dies damit, daß bisher schon die Reihenfolge der Aufzählung im Zutatenverzeichnis zu ähnlichen, wenn auch nicht so offensichtlichen Unterschieden führte. Hilfreich, wenn auch mit zusätzlichem Aufwand verbunden, kann die in Nr. 25 der Leitlinien aufgeführte Möglichkeit der ergänzenden Angabe des „Roherzeugnisäquivalents" sein.

Quantitative Angaben, wie „mit 4 Eiern", „mit 5 Eiern" entbinden nicht von der Quidkennzeichnung, sondern sind vielmehr Auslöser für sie.

## c) Gemüseteigwaren

Bei Teigwaren, denen Gemüse oder Kräuter als Zutat zugegeben sind, muß man im Einzelfall entscheiden, wieweit der Gemüseanteil (z.B. Spinat oder Tomate) mit einer Quid-Angabe zu versehen ist oder wieweit die Zutaten als kleine Mengen zur Geschmacksgebung angesehen werden können (vgl. Leitlinien Nr. 16-18). Sollte man zu dem Schluß kommen, daß eine Prozent-Angabe notwendig ist, wird man keine vergleichbaren Daten erwarten dürfen, da offenbar Rohstoffe mit unterschiedlichen Wassergehalten im Einsatz sind. Die Überlegungen, ob eine Prozent-Angabe notwendig ist, wird man bei Verkehrsbezeichnungen, wie „Spinatnudeln" o.ä. durchführen müssen. Hingegen wirkt eine Verkehrsbezeichnung wie etwa „Bunte Nudeln" nicht als Auslöser für Quid.

## d) Weitere Auslobungen bei Teigwaren

Eine Reihe weiterer Auslobungen sind bei Teigwaren üblich. Sie führen, unter der Voraussetzung, daß nicht andere Hinweise auf eine bestimmte Zutat (z.B. bildliche Darstellung) vorhanden sind, nicht zu der Notwendigkeit einer Quidangabe. So zeigt der Begriff „Hausmacher-Teigwaren" zwar an, daß es sich um eine bessere Qualität als einfache Teigwaren handelt, die Angabe allein führt aber nicht zur Bekanntgabe der Rezeptur. Jedoch muß bei einer bildlichen Darstellung von Eiern der Eigehalt in Prozent dem Verbraucher mitgeteilt werden.

Sammelbegriffe, wie z. B. „Vierkornteigwaren" geben keinen Anlaß, die Zusammensetzung der Getreiderohstoffe in Prozent aufzuführen, eine Angabe im Zutatenverzeichnis in absteigender Reihenfolge genügt. Hingegen führen weitere denkbare Bezeichnungen wie „mit Dinkel" o. ä. zu einer Quid-Angabe, sofern nicht die Ausnahmen des § 8 Abs. 2 Nr. 1c oder d LMKV n.F. greifen. .

Weitere qualitätsbezogene Hinweise, wie etwa „hergestellt mit Trinkwasser aus eigenem Brunnen" sind keine Werte, die die Quidregelung auslösen.

Für gefüllte Teigwaren, wie z. b. Tortellini, muß man sich nach den allgemeinen Bedingungen richten, die für die Kennzeichnung von Füllungen gelten.

## Getreidenährmittel

Getreidenährmittel sind Lebensmittel, wie beispielsweise Haferflocken, Müsli, Cornflakes, Extrudate, Kleie und eine weite Vielfalt ähnlicher Erzeugnisse, die aus Speisegetreide hergestellt werden. Die Getreiderohstoffe hierfür sind meist Weizen; Roggen, Hafer, Gerste, Mais und Reis. Ein Großteil der Erzeugnisse sind Monoprodukte, denn Reis, Haferflocken, Gerstengraupen, um nur einige beispielhaft zu nennen, bestehen nur aus einer einzigen Zutat. Bei diesen Lebensmitteln entfallen die Mengenangaben.

## a) Cornflakes

Die Frage, ob Cornflakes zu o.g. Monoprodukten gehören, wird im europäischen Umfeld nicht einheitlich beurteilt. Während die europäischen Nachbarn der Ansicht sind, eine Mengenangabe könne entfallen, ist man in Deutschland eher der Auffassung, daß ein Hinweis auf den Maisgehalt (Mais = corn) erforderlich ist. Begründet wird dies mit der bei verschiedenen Herstellungstechnologien unterschiedlichen Menge an eingesetztem Maisgritz. Neben Mais werden weitere Zutaten verwendet, so daß man nach hiesiger Meinung die europäische Sichtweise nicht unbedingt teilen kann. Ob dem Verbraucher der Unterschied der verschiedenen Herstellungsprozesse und damit der unterschiedlichen Mengenangaben verständlich zu machen ist, bleibt abzuwarten.

Festzuhalten ist, daß die englischsprachige und die deutsche Fassung der Leitlinien in diesem Punkt wesentlich voneinander abweichen und Anlaß für die unterschiedliche Interpretation sind.

## b) Müsli

Die Vielfalt der Kennzeichnungsmöglichkeiten bei Müsli übersteigt bei weitem die Vielfalt der Rezepturmöglichkeiten. Nur einzelne, beispielhafte Produktgruppen können hier diskutiert werden.

Sobald eine Zutat besonders genannt wird, wie z. B. Hafer im Hafermüsli, so muß eine prozentuale Angabe der Menge an Haferflocken erfolgen. Vergleichbares gilt für weitere Auslobungen. Bei Früchtemüsli muß der Fruchtanteil angegeben werden. Ein Aufsplitten der prozentualen Angabe der einzelnen Fruchtzutaten ist nicht erforderlich. Es sei denn, sie würden besonders herausgestellt. Die üblichen Angaben im Zutatenverzeichnis reichen aus. Bei einem Schokomüsli gibt man den Anteil an Schokolade an.

Anders sieht es aus, wenn geschmacksgebende Bestandteile der Rezeptur herausgehoben werden. Bei einem Vanille-Müsli werden nur sehr geringe Mengen Vanille benötigt, um einen deutlichen Geschmackseindruck zu erhalten. Entsprechend Nr. 16-18 der Leitlinien ist die Quid-Angabe nicht erforderlich, da es sich um „kleine Mengen zur Geschmacksgebung" handelt.

Vergleichbar dürfte die Beurteilung von „Honig-Müsli" oder „Müsli mit Honig" sein. Schon allein technisch bedingt können nur geringe Mengen Honig verwendet werden, um ein Zusammenkleben der verschiedenen Bestandteile zu vermeiden. Üblich ist, bei o.g. Auslobung soviel Honig zuzugeben, daß er deutlich wahrnehmbar ist. Dies kann je nach Eigengeschmack der übrigen Rezepturbestandteile durchaus eine unterschiedliche Menge Honig bei vergleichbarem Geschmackseindruck sein. Eine prozentuale Angabe wird nur im Ausnahmefall notwendig werden.

Begriffe wir „Knusper", „crisped" usw. zeigen zwar besondere Eigenschaften des Lebensmittels an, eine begriffliche Zuordnung einzelner Zutaten, die mengenmäßig diesen Begriffen entsprechen, wird man kaum herstellen können. Quid-Angaben sind infolgedessen nicht erforderlich.

## Weitere Cerealien

Eine Vielzahl weiterer Cerealien, wie Extrudate, Getreidemischungen und müsliähnliche Erzeugnisse mit unterschiedlichen Rezepturbestandteilen sind auf dem Markt. Für sie lassen sich ähnliche Schlußfolgerungen wie die im Kapitel Müsli aufgeführten ziehen.

# 3 Anhang

## 3.1 Richtlinie 97/4/EG des Europäischen Parlaments und des Rates

vom 27. Januar 1997

zur Änderung der Richtlinie 79/112/EWG zur Angleichung der Rechtsvorschriften der Mitgliedstaaten über die Etikettierung und Aufmachung von Lebensmitteln sowie die Werbung hierfür

DAS EUROPÄISCHE PARLAMENT UND DER RAT DER EUROPÄISCHEN UNION –

gestützt auf den Vertrag zur Gründung der Europäischen Gemeinschaft, insbesondere auf Artikel 100a,

gestützt auf die Richtlinie 79/112/EWG des Rates vom 18. Dezember 1978 zur Angleichung der Rechtsvorschriften der Mitgliedstaaten über die Etikettierung und Aufmachung von Lebensmitteln sowie die Werbung hierfür[1], insbesondere auf Artikel 6 Absatz 2 Buchstabe c) und Absatz 3 sowie auf Artikel 7,

auf Vorschlag der Kommission[2],

nach Stellungnahme des Wirtschafts- und Sozialausschusses[3],

gemäß dem Verfahren des Artikels 189b des Vertrags[4], in Kenntnis des am 16. Oktober 1996 vom Vermittlungsausschuß gebilligten gemeinsamen Entwurfs,

in Erwägung nachstehender Gründe:

Im Rahmen der Verwirklichung der Ziele des Binnenmarktes ist die Verwendung der verkehrsüblichen Bezeichnung des Herstellungsmitgliedstaats auch für Erzeugnisse zuzulassen, die in einem anderen Mitgliedstaat verkauft werden sollen.

---

[1] ABl. Nr. L 33 vom 8.2.1979, S. 1. Richtlinie zuletzt geändert durch die Richtlinie 93/102/EG (Abl. Nr. L 291 vom 25.11.1993, S. 14).

[2] ABl. Nr. C 122 vom 14.5.1992, S. 12, und ABl. Nr. C 118 vom 29.4.1994, S. 6.

[3] ABl. Nr. C 332 vom 16.12.1992, S. 3.

[4] Stellungnahme des Europäischen Parlaments vom 27. Oktober 1993 (ABl. Nr. C 315 vom 22.11.1993, S. 102). Gemeinsamer Standpunkt des Rates vom 15. Juli 1995 (Abl. Nr. C 182 vom 15.7.1995, S. 1) und Beschluß des Europäischen Parlaments vom 25. Oktober 1995 (ABl. Nr. C 308 vom 20.11.1995, S. 30). Beschluß des Europäischen Parlaments vom 10. Dezember 1996 und Beschluß des Rates vom 10. Januar 1997.

Damit sowohl die bessere Unterrichtung des Verbrauchers als auch die Lauterkeit des Handelsverkehrs sichergestellt sind, müssen die Etikettierungsvorschriften, die die genaue Beschaffenheit und die Merkmale der Erzeugnisse betreffen, weiter verbessert werden.

Im Einklang mit den Regeln des Vertrags bleiben die für die Verkehrsbezeichnung anwendbaren Bestimmungen den allgemeinen Regeln über die Etikettierung in Artikel 2 unterworfen, insbesondere dem Grundsatz, daß sie nicht geeignet sein dürfen, den Verbraucher über die Eigenschaften der Lebensmittel irrezuführen.

Der Gerichtshof der Europäischen Gemeinschaften hat sich in mehreren Urteilen für eine detaillierte Etikettierung, insbesondere für die Verpflichtung zur Anbringung eines Etiketts, das über die Art des verkauften Erzeugnisses angemessen unterrichtet, ausgesprochen. Diese Maßnahme, die es dem Verbraucher ermöglicht, sachkundig seine Wahl zu treffen, ist insofern am zweckmäßigsten, als sie die geringsten Handelshemmnisse nach sich zieht.

Dem Gemeinschaftsgesetzgeber obliegt es, die sich aus dieser Rechtsprechung ergebenden Maßnahmen zu ergreifen –

HABEN FOLGENDE RICHTLINIE ERLASSEN:

**Artikel 1**

Die Richtlinie 79/112/EWG wird wie folgt geändert:

1. Nach dem sechsten Erwägungsgrund wird folgender Erwägungsgrund eingefügt:

„Diese Anforderung bedeutet, daß die Mitgliedstaaten unter Beachtung der Bestimmungen des Vertrags Vorschriften über die zu verwendende Sprache vorsehen können."

2. In Artikel 3 Absatz 1 wird folgende Nummer eingefügt:

„2a. die Menge bestimmter Zutaten oder Zutatenklassen gemäß Artikel 7;".

3. Artikel 5 Absatz 1 erhält folgende Fassung:

„(1) Die Verkehrsbezeichnung eines Lebensmittels ist die Bezeichnung, die in den für dieses Lebensmittel geltenden Rechtsvorschriften der Europäischen Gemeinschaft vorgesehen ist.

a) Beim Fehlen von Vorschriften der Europäischen Gemeinschaft ist die Verkehrsbezeichnung die Bezeichnung, die in den Rechts- und Verwaltungsvorschriften des Mitgliedstaats vorgesehen ist, in dem die Abgabe an den Endverbraucher oder an gemeinschaftliche Einrichtungen erfolgt.

Beim Fehlen einer solchen Bezeichnung ist die Verkehrsbezeichnung die verkehrsübliche Bezeichnung in dem Mitgliedstaat, in dem die Abgabe an den Endverbraucher oder an gemeinschaftliche Einrichtungen erfolgt, oder eine Beschreibung des Lebensmittels und erforderlichenfalls seiner Verwendung, die hinreichend genau ist, um es dem Käufer zu ermöglichen, die tatsächliche Art des Lebensmittels zu erkennen und es von Erzeugnissen zu unterscheiden, mit denen es verwechselt werden könnte.

b) Die Verwendung der Verkehrsbezeichnung, unter der das Erzeugnis im Herstellungsmitgliedstaat rechtmäßig hergestellt und vermarktet wird, im Vermarktungsmitgliedstaat ist ebenfalls zulässig.

Wenn jedoch die Anwendung der anderen Bestimmungen dieser Richtlinie, insbesondere derjenigen des Artikels 3, es dem Verbraucher im Vermarktungsmitgliedstaat nicht ermöglicht, die tatsächliche Art des Lebensmittels zu erkennen und es von Lebensmitteln zu unterscheiden, mit denen es verwechselt werden könnte, wird die Verkehrsbezeichnung von weiteren beschreibenden Informationen begleitet, die in der Nähe der Verkehrsbezeichnung anzubringen sind.

c) In Ausnahmefällen wird die Verkehrsbezeichnung des Herstellungsmitgliedstaats im Vermarktungsmitgliedstaat nicht verwendet, wenn das mit ihr bezeichnete Lebensmittel im Hinblick auf seine Zusammensetzung oder Herstellung von dem unter dieser Bezeichnung bekannten Lebensmittel derart abweicht, daß die Bestimmungen des Buchstabens b) nicht ausreichen, um im Vermarktungsmitgliedstaat eine korrekte Unterrichtung des Verbrauchers zu gewährleisten."

4. In Artikel 6 Absatz 2 erhält Buchstabe c) folgende Fassung:

„c) Erzeugnissen aus einer einzigen Zutat,

    – sofern die Verkehrsbezeichnung mit der Zutatenbezeichnung identisch ist oder

    – sofern die Verkehrsbezeichnung eindeutig auf die Art der Zutaten schließen läßt."

5. In Artikel 6 Absatz 5 Buchstabe b) erhält der erste Gedankenstrich (Richtlinie 79/112/EWG) folgende Fassung:

„– brauchen Zutaten, die zu einer der in Anhang I aufgeführten Klassen gehören und die Bestandteile eines anderen Lebensmittels sind, nur mit dem Namen dieser Klasse bezeichnet zu werden.

Änderungen der Liste der in Anhang I aufgeführten Klassen können nach dem Verfahren des Artikels 17 beschlossen werden.

Die im Anhang I aufgeführte Bezeichnung ‚Stärke' muß jedoch immer mit der Angabe ihrer spezifischen pflanzlichen Herkunft ergänzt werden, wenn dieser Bestandteil ‚Gluten' enthalten könnte;".

6. In Artikel 6 Absatz 5 Buchstabe b) erhält der zweite Gedankenstrich (Richtlinie 79/112/EWG) folgende Fassung:

„– müssen Zutaten, die zu einer der in Anhang II aufgeführten Klassen gehören, mit dem Namen dieser Klasse bezeichnet werden, dem der spezifische Name oder die EWG-Nummer zu folgen hat; gehört eine Zutat zu mehreren Klassen, so ist die Klasse anzugeben, der die Zutat aufgrund ihrer hauptsächlichen Wirkung für das betreffende Lebensmittel zuzuordnen ist.

Die an diesem Anhang entsprechend dem Fortschritt der wissenschaftlichen und technischen Kenntnisse vorzunehmenden Änderungen werden nach dem Verfahren des Artikels 17 beschlossen.

Die in Anhang II aufgeführte Bezeichnung ‚modifizierte Stärke' muß jedoch immer mit der Angabe ihrer spezifischen pflanzlichen Herkunft ergänzt werden, wenn dieser Bestandteil ‚Gluten' enthalten könnte."

7. Artikel 7 erhält folgende Fassung:

**„Artikel 7**

(1) Die Angabe der bei der Herstellung oder Zubereitung eines Lebensmittels verwandten Menge einer Zutat oder Zutatenklasse erfolgt gemäß diesem Artikel.

(2) Die Angabe nach Absatz 1 ist vorgeschrieben,

a) wenn die betreffende Zutat oder Zutatenklasse in der Verkehrsbezeichnung genannt ist oder normalerweise vom Verbraucher mit dieser Verkehrsbezeichnung in Verbindung gebracht wird oder

b) wenn die betreffende Zutat oder Zutatenklasse auf dem Etikett durch Worte, Bilder oder eine graphische Darstellung hervorgehoben ist oder

c) wenn die betreffende Zutat oder Zutatenklasse von wesentlicher Bedeutung für die Charakterisierung eines Lebensmittels und seine Unterscheidung von anderen Erzeugnissen ist, mit denen es aufgrund seiner Bezeichnung oder seines Aussehens verwechselt werden könnte, oder

d) in den nach dem Verfahren des Artikels 17 bestimmten Fällen.

(3) Absatz 2 gilt nicht

a) für eine Zutat oder Zutatenklasse,

   – deren Abtropfgewicht gemäß Artikel 8 Absatz 4 angegeben ist oder

   – deren Menge aufgrund von Gemeinschaftsbestimmungen bereits auf dem Etikett angegeben sein muß,

   – die in kleinen Mengen zur Geschmacksgebung verwendet wird,

   – die, obwohl sie in der Verkehrsbezeichnung aufgeführt wird, für die Wahl des Verbrauchers nicht ausschlaggebend ist, weil unterschiedliche Mengen für die Charakterisierung des betreffenden Lebensmittels nicht wesentlich sind und es nicht von ähnlichen Lebensmitteln unterscheiden. In Zweifelsfällen wird nach dem Verfahren des Artikels 17 entschieden, ob die Bedingungen dieses Gedankenstrichs erfüllt sind;

b) wenn in spezifischen Gemeinschaftsbestimmungen die Menge der Zutat oder der Zutatenklasse präzise festgelegt, deren Angabe in der Etikettierung aber nicht vorgesehen ist;

c) in den Fällen des Artikels 6 Absatz 5 Buchstabe a) vierter und fünfter Gedankenstrich;

d) in den nach dem Verfahren des Artikels 17 bestimmten Fällen.

(4) Die als Prozentsatz anzugebende Menge entspricht der Menge der Zutat bzw. Zutaten zum Zeitpunkt ihrer Verarbeitung. Für bestimmte Lebensmittel können Gemeinschaftsbestimmungen jedoch Ausnahmen von diesem Grundsatz vorsehen. Diese Bestimmungen werden nach dem Verfahren des Artikels 17 erlassen.

(5) Die Angabe gemäß Absatz 1 ist entweder in der Verkehrsbezeichnung selbst oder in ihrer unmittelbaren Nähe oder in der Liste der Zutaten zusammen mit der betreffenden Zutat oder Zutatenklasse aufzuführen.

(6) Dieser Artikel gilt unbeschadet der Gemeinschaftsvorschriften über die Nährwertkennzeichnung."

8. Folgender Artikel wird eingefügt:

## „Artikel 13a

(1) Die Mitgliedstaaten sorgen dafür, daß in ihrem Hoheitsgebiet keine Lebensmittel in den Verkehr gebracht werden dürfen, bei denen die in Artikel 3 und Artikel 4 Absatz 2 genannten Angaben nicht in einer dem Verbraucher leicht verständlichen Sprache abgefaßt sind, es sei denn, die Information des Verbrauchers ist durch andere Maßnahmen für eine oder mehrere Angaben auf dem Etikett effektiv sichergestellt; diese Maßnahmen werden nach dem Verfahren des Artikels 17 festgelegt.

(2) Der Mitgliedstaat, in dem das Erzeugnis vermarktet wird, kann in seinem Hoheitsgebiet unter Beachtung der Bestimmungen des Vertrags vorschreiben, daß diese Angaben auf dem Etikett zumindest in einer oder mehreren von ihm bestimmten Amtssprachen der Gemeinschaft abgefaßt sind.

(3) Die Absätze 1 und 2 stehen der Abfassung der Angaben auf dem Etikett in mehreren Sprachen nicht entgegen."

9. Artikel 14 Absatz 2 wird gestrichen.

## Artikel 2

Die Mitgliedstaaten ändern, soweit erforderlich, ihre Rechts- und Verwaltungsvorschriften dahin, daß das Inverkehrbringen von Erzeugnissen,

– die dieser Richtlinie entsprechen, ab spätestens 14. August 1998 zugelassen ist;

– die dieser Richtlinie nicht entsprechen, ab spätetsens 14. Februar 2000 untersagt ist. Erzeugnisse, die dieser Richtlinie nicht entsprechen und vor diesem Datum etikettiert wurden, dürfen jedoch bis zum Aufbrauchen der Bestände in den Verkehr gebracht werden.

Die Mitgliedstaaten setzen die Kommission unverzüglich von diesen Vorschriften in Kenntnis.

Wenn die Mitgliedstaaten diese Vorschriften erlassen, nehmen sie in den Vorschriften selbst oder durch einen Hinweis bei der amtlichen Veröffentlichung auf diese Richtlinie Bezug. Die Mitgliedstaaten regeln die Einzelheiten dieser Bezugnahme.

## Artikel 3

Diese Richtlinie tritt am Tag ihrer Veröffentlichung im *Amtsblatt der Europäischen Gemeinschaften* in Kraft.

**Artikel 4**

Diese Richtlinie ist an die Mitgliedstaaten gerichtet.

Geschehen zu Brüssel am 27. Januar 1997.

*Im Namen des Europäischen Parlaments*       *Im Namen des Rates*

*Der Präsident*                     *Der Präsident*

J. M. GIL-ROBLES                G. ZALM

## ERKLÄRUNG DER KOMMISSION

Die Kommission erklärt sich mit der Änderung von Artikel 6 Absatz 5 Buchstabe b) erster und zweiter Gedankenstrich einverstanden. Sie übernimmt die Verpflichtung, so bald wie möglich dem Ständigen Lebensmittelausschuß gemäß dem Verfahren des Artikels 17 der Richtlinie 79/112/EWG einen Entwurf zur Änderung der Anhänge I und II der genannten Richtlinie vorzulegen, um dieselben in Übereinstimmung mit dem neuen Wortlaut des Artikels 6 zu bringen.

## 3.2 Richtlinie 1999/10/EG der Kommission

vom 8. März 1999

über Ausnahmen von Artikel 7 der Richtlinie 79/112/EWG des Rates hinsichtlich der Etikettierung von Lebensmitteln

(Text von Bedeutung für den EWR)

DIE KOMMISSION DER EUROPÄISCHEN GEMEINSCHAFTEN –

gestützt auf den Vertrag zur Gründung der Europäischen Gemeinschaft,

gestützt auf die Richtlinie 79/112/EWG des Rates vom 18. Dezember 1978 zur Angleichung der Rechtsvorschriften der Mitgliedstaaten über die Etikettierung und Aufmachung von Lebensmitteln sowie die Werbung hierfür[1], zuletzt geändert durch die Richtlinie 97/4/EG des Europäischen Parlaments und des Rates[2], insbesondere auf Artikel 7 Absatz 3 Buchstabe d) und Absatz 4,

in Erwägung nachstehender Gründe:

Artikel 7 Absatz 2 Buchstaben a) und b) der Richtlinie 79/112/EWG legt fest, daß die Menge einer Zutat auf dem Etikett von Lebensmitteln anzugeben ist, sofern die Zutat in der Verkehrsbezeichnung genannt wird oder auf dem Etikett hervorgehoben ist.

Zum einen schreibt die Richtlinie 94/54/EG der Kommission[3], geändert durch die Richtlinie 96/21/EG des Rates[4], die Verwendung der Angabe „mit Süßungsmittel(n)" oder „mit einer Zuckerart (Zuckerarten) und Süßungsmittel(n)" auf dem Etikett von Erzeugnissen vor, die diese Zutaten enthalten; diese Hinweise müssen in Verbindung mit der Verkehrsbezeichnung angebracht werden.

Aus der Angabe dieser durch die Richtlinie 94/54/EG vorgeschriebenen Hinweise folgt, daß gemäß Artikel 7 Absatz 2 Buchstabe a) und/oder b) der Richtlinie 79/112/EWG die Pflicht zur Angabe der Menge dieser Zutat(en) besteht.

Die Angabe der Süßungsmittelmenge ist jedoch nicht ausschlaggebend für die Entscheidung des Verbrauchers beim Kauf des Lebensmittels.

---

[1] ABl. L 33 vom 8.2.1979, S. 1.
[2] ABl. L 43 vom 14.2.1997, S. 21.
[3] ABl. L 300 vom 23.11.1994, S. 14.
[4] ABl. L 88 vom 5.4.1996, S. 5.

Zum anderen haben Angaben über die Hinzufügung von Vitaminen und Mineralstoffen zur Folge, daß eine Nährwertkennzeichnung gemäß der Richtlinie 90/496/EWG des Rates[5] obligatorisch ist.

Diese Angaben werden als notwendiger Bestandteil der Verkehrsbezeichnung oder als Hervorhebung einer Zutat im Sinne von Artikel 7 Absatz 2 Buchstaben a) und b) der Richtlinie 79/112/EWG angesehen und machen somit die Angabe der Menge der Vitamine und Mineralstoffe zwingend erforderlich.

Eine solche zweifache Information ist für den Verbraucher nicht nützlich und könnte ihn sogar irreführen, da die Menge gemäß Artikel 7 Absatz 4 als Prozentsatz und zum Zweck der Nährwertkennzeichnung in mg anzugeben ist.

Unter diesen Umständen ist es angezeigt, zusätzliche Ausnahmen von der Regel der Mengenangabe von Zutaten einzuführen.

Ferner entspricht nach Artikel 7 Absatz 4 die als Prozentsatz angegebene Menge der Menge der Zutat bzw. Zutaten zum Zeitpunkt ihrer Verarbeitung; der genannte Absatz sieht jedoch die Möglichkeit von Ausnahmen vor.

Die Zusammensetzung bestimmter Lebensmittel wird durch eine Dehydratisierung der Zutaten im Zuge des Kochvorgangs oder sonstiger Behandlungen merklich geändert.

Für diese Produkte ist eine Abweichung von der in Artikel 7 Absatz 4 der Richtlinie 79/112/EWG vorgeschriebenen Berechnungsweise für die Menge der Zutaten erforderlich, damit die tatsächliche Zusammensetzung des Lebensmittels besser kenntlich gemacht und der Verbraucher nicht irregeführt wird.

Nach Artikel 6 Absatz 5 Buchstabe a) der Richtlinie 79/112/EWG gilt der gleiche Grundsatz für die Reihenfolge der Zutaten im Zutatenverzeichnis.

Der genannte Artikel 6 sieht allerdings Ausnahmen für bestimmte Lebensmittel oder Zutaten vor; daher ist es aus Gründen der Kohärenz angezeigt, für die Berechnungsweise der Menge die gleichen Ausnahmen vorzusehen.

Entsprechend dem in Artikel 3b) EG-Vertrag niedergelegten Subsidiaritäts- und Verhältnismäßigkeitsprinzip können die Ziele der in Betracht gezogenen Maßnahme, die in der Sicherstellung einer effektiven Anwendung des Grundsatzes der Mengenangabe von Zutaten bestehen, auf die Ebene der Mitgliedstaaten nicht ausreichend erreicht

---

[5] ABl. L 276 vom 6.10.1990, S. 40.

werden, da die Grundregeln im Gemeinschaftsrecht verankert sind; diese Richtlinie beschränkt sich auf das für die Erreichung dieser Ziele notwendige Mindestmaß und geht nicht über das Erforderliche hinaus.

Die in dieser Richtlinie vorgesehenen Maßnahmen entsprechen der Stellungnahme des Ständigen Lebensmittelausschusses –

HAT FOLGENDE RICHTLINIE ERLASSEN:

**Artikel 1**

(1) Artikel 7 Absatz 2 Buchstaben a) und b) der Richtlinie 79/112/EWG gilt nicht in den Fällen, in denen der Hinweis „mit Süßungsmittel(n)" oder „mit einer Zuckerart (Zuckerarten) und Süßungsmittel(n)" gemäß Richtlinie 94/54/EG in Verbindung mit der Verkehrsbezeichnung eines Lebensmittels angebracht ist.

(2) Artikel 7 Absatz 2 Buchstaben a) und b) der Richtlinie 79/112/EWG gilt nicht für Hinweise betreffend die Hinzufügung von Vitaminen und Mineralstoffen in Fällen, in denen diese Stoffe im Rahmen der Nährwertkennzeichnung angegeben sind.

**Artikel 2**

(1) Abweichend von dem in Artikel 7 Absatz 4 der Richtlinie 79/112/EWG festgelegten Grundsatz gelten für die Mengenangabe der Zutaten die Absätze 2 und 3 dieses Artikels.

(2) Die angegebene Menge entspricht bei Lebensmitteln, denen infolge einer Hitzebehandlung oder einer sonstigen Behandlung Wasser entzogen wurde, der Menge der verarbeiteten Zutat oder Zutaten, bezogen auf das Enderzeugnis. Diese Menge ist in Prozent ausgedrückt.

Übersteigt die Menge einer Zutat oder die auf der Etikettierung angegebene Gesamtmenge aller Zutaten 100 %, so erfolgt die Angabe statt in Prozent in Gewicht der für die Zubereitung von 100 g des Enderzeugnisses verwendeten Zutat bzw. Zutaten.

(3) Die Menge der flüchtigen Zutaten wird nach Maßgabe ihres Gewichtsanteils am Enderzeugnis angegeben.

Die Menge derjenigen Zutaten, die in konzentrierter oder getrockneter Form verwendet und während der Herstellung in ihren ursprünglichen Zustand zurückgeführt werden, kann nach Maßgabe ihres Gewichtsanteils vor der Konzentration oder der Trocknung angegeben werden.

Bei konzentrierten oder getrockneten Lebensmitteln, denen Wasser zugefügt werden muß, kann die Menge der Zutaten nach Maßgabe ihres Gewichtsanteils im zurückgeführten Erzeugnis angegeben werden.

## Artikel 3

Die Mitgliedstaaten erlassen, soweit erforderlich, spätestens am 31. August 1999 die notwendigen Rechts- und Verwaltungsvorschriften, um

– den Handel mit Erzeugnissen, die mit dieser Richtlinie in Einklang sind, spätestens am 1. September 1999 zuzulassen;

– Erzeugnisse, die nicht mit dieser Richtlinie in Einklang sind, spätestens am 14. Februar 2000 zu verbieten. Gleichwohl können die vor diesem Datum in den Verkehr gebrachten oder etikettierten Erzeugnisse, die nicht mit dieser Richtlinie in Einklang sind, bis zum Verbrauch der Lagerbestände verkauft werden.

Die Mitgliedstaaten unterrichten die Kommission unverzüglich hiervon.

Bei dem Erlaß dieser Vorschriften nehmen die Mitgliedstaaten in diesen Vorschriften selbst oder durch einen Hinweis bei der amtlichen Veröffentlichung auf diese Richtlinie Bezug. Die Mitgliedstaaten regeln die Einzelheiten dieser Bezugnahme.

## Artikel 4

Diese Richtlinie tritt am zwanzigsten Tag nach ihrer Veröffentlichung im *Amtsblatt der Europäischen Gemeinschaften* in Kraft.

## Artikel 5

Diese Richtlinie ist an alle Mitgliedstaaten gerichtet.

Brüssel, den 8. März 1999

*Für die Kommission*

MARTIN BANGEMANN

*Mitglied der Kommission*

# 3.3 Allgemeine Leitlinien für die Umsetzung des Grundsatzes der mengenmäßigen Angabe der Lebensmittelzutaten (QUID) - Artikel 7 der Richtlinie 79/112/EWG in der Fassung der Richtlinie 97/4/EG

## Vorbemerkungen

1. Dieses Papier wurde im Einvernehmen zwischen den zuständigen Dienststellen der Kommission und den Vertretern der Mitgliedstaaten in der Absicht erstellt, informelle Leitlinien für die Umsetzung der Bestimmungen über die mengenmäßige Angabe der Zutaten (QUID) bereitzustellen, die Artikel 7 der Richtlinie 79/112/EWG in der Fassung der Richtlinie 97/4/EG enthält.

2. Die angegebenen Beispiele dienen ausschließlich der Erläuterung.

3. Die hier vorgelegten Leitlinien und Beispiele dürfen nicht als offizielle Auslegung der Rechtsvorschriften angesehen werden, für die nur die Justiz zuständig ist, nämlich die nationalen Gerichte und der Gerichtshof der Europäischen Gemeinschaft.

## Geltungsbereich der mengenmäßigen Angabe der Zutaten (QUID)

### Allgemeine Geltung

1. Die mengenmäßige Angabe der Lebensmittelzutaten (QUID) ist grundsätzlich für alle Lebensmittel, Getränke eingeschlossen, verbindlich, die mehr als eine Zutat enthalten. Jedoch sind bestimmte Ausnahmen vorgesehen.

2. Auch Erzeugnisse, die gegenwärtig von der Angabe eines Zutatenverzeichnisses freigestellt sind, fallen unter diese Regelung; für solche Lebensmittel ist die Menge der Zutat in der Verkehrsbezeichnung oder in deren unmittelbarer Nähe anzugeben, sofern die Etikettierung nicht freiwillig ein Zutatenverzeichnis enthält, in welchem Falle die Menge in dem Verzeichnis angegeben werden kann. Im Gegensatz hierzu gilt die mengenmäßige Angabe der Zutaten (QUID) nicht für Lebensmittel, die auf Gemeinschaftsebene geregelt sind und (noch) nicht unter die Richtlinie 79/112/EWG fallen, wie z.B. die von der Richtlinie 73/241/EWG erfaßten Lebensmittel (Kakao- und Schokoladeerzeugnisse).

3. Nach Artikel 12 der Richtlinie 79/112/EWG können die Mitgliedstaaten selbst entscheiden, welche der Etikettierungsregelungen sie gegebenenfalls auf nicht vorverpackte oder für den direkten Verkauf vorverpackte Lebensmittel anwenden wollen. Diese Bestimmung gilt auch für die mengenmäßige Angabe der Zutaten (QUID) für solche Lebensmittel.

4. Die Pflicht zur mengenmäßigen Angabe der Zutaten (QUID) <u>betrifft nicht</u> die in den Lebensmitteln natürlich vorhandenen Bestandteile, <u>die nicht als Zutaten hinzugefügt wurden</u>, wie beispielsweise Koffein (in Kaffee), Vitamine und Mineralien (in Fruchtsäften).

## Die mengenmäßige Angabe der Zutaten (QUID) ist in folgenden Fällen erforderlich:

Artikel 7 Absatz 2 Buchstabe a, Richtlinie 97/4/EG

*„… wenn die betreffende Zutat oder Zutatenklasse in der Verkehrsbezeichnung genannt ist oder normalerweise vom Verbraucher mit dieser Verkehrsbezeichnung in Verbindung gebracht wird"*

5. Nach dem ersten Teil dieser Bestimmung ist eine mengenmäßige Angabe der Zutaten (QUID) vorgeschrieben,

(a) wenn die betreffende Zutat in der Verkehrsbezeichnung genannt ist

(z. B.: „Pizza mit <u>Schinken</u> und <u>Pilzen</u>", „<u>Erdbeer</u>joghurt", „<u>Lachs</u>mousse", <u>Schokolade</u>neis)*⁾

*⁾ in diesen Fällen ist die mengenmäßige Angabe der unterstrichenen Zutaten vorgeschrieben.

oder

(b) wenn die betreffende Zutatenklasse in der Verkehrsbezeichnung genannt ist

(z. B.: Gemüsepastete, Fischstäbchen, Nußbrot, Fruchtsorbet oder Obstkuchen)*⁾

*⁾ in diesen Fällen ist die mengenmäßige Angabe nur für den Gesamtgehalt an Gemüse, Fisch, Nüssen oder Obst vorgeschrieben.

Unter Zutatenklasse sind die allgemeinen Begriffe zu verstehen, deren Verwendung gemäß Anhang 1 der Richtlinie 79/112/EWG als Zutatenbezeichnung genehmigt ist, und jeder ähnliche Begriff, der zwar nicht als für Zutaten genehmigte Bezeichnung im Zutatenverzeichnis aufgeführt ist, aber von Rechts wegen oder üblicherweise in der Bezeichnung eines Lebensmittels verwendet wird.

Es gibt in den Mitgliedstaaten Lebensmittel, deren Bezeichnung auf Zutaten Bezug nimmt, die nicht darin vorhanden sind. In diesem Fall besteht die Verpflichtung zur QUID nicht. Hierzu zählen außer den Bezeichnungen, die in der geänderten Fassung der in Anwendung der Verordnung (EWG) Nr. 1898/87 über den Schutz der Bezeichnung der Milch und Milcherzeugnisse erlassenen Entscheidung der Kommission vom 28. Oktober 1988 aufgeführt sind, auch die folgenden „water biscuit", „Teegebäck", „Schinkenbrot", „Caviar d'aubergines". Dieser Klasse ist allerdings nur eine beschränkte Anzahl von Lebensmitteln zuzuordnen.

Erscheint eine zusammengesetzte Zutat in der Bezeichnung (z.B.: Keks mit Cremefüllung), so ist der Prozentsatz der zusammengesetzten Zutat anzugeben.

Wird eine Zutat der zusammengesetzten Zutat genannt, so ist auch deren Prozentsatz anzugeben (z.B.: Keks mit Eiercremefüllung).

6. Im zweiten Teil dieser Bestimmung wird eine mengenmäßige Angabe der Zutaten für Erzeugnisse gefordert, deren Zutaten oder Zutatenklasse normalerweise vom Verbraucher mit der Verkehrsbezeichnung in Verbindung gebracht werden. Diese Bestimmung findet vermutlich Anwendung, wenn Erzeugnisse durch übliche Begriffe ohne zusätzliche beschreibende Bezeichnungen angegeben werden. Um feststellen zu können, welche Zutaten normalerweise mit einem Erzeugnis in Verbindung gebracht werden könnten, das ausschließlich durch einen üblichen Begriff bezeichnet wird, könnte es nützlich sein, die Frage zu klären, was eine zusätzliche beschreibende Bezeichnung für das betreffende Erzeugnis sein könnte, falls eine solche Bezeichnung vorgeschrieben wäre. In diesen Fällen sollte die mengenmäßige Angabe für die wichtigsten Zutaten oder für solche mit einem gewissen Wert gelten, sofern sie nicht von der Angabe freigestellt sind.

Die Auslegung dieser Bestimmung soll nicht dazu führen, daß mit jeder Verkehrsbezeichnung eines Lebensmittels eine bestimmte Zutat in Verbindung gebracht wird, die demzufolge mengenmäßig anzugeben ist. So braucht beispielsweise die Menge der zur Herstellung von Cidre verwendeten Äpfel nicht angegeben zu werden. Ebensowenig hat diese Bestimmung automatisch die Pflicht zur Angabe der Fleischmenge in Erzeugnissen wie Schinken zur Folge.

Beispiele:

| Erzeugnis | Beispiel einer beschreibenden Bezeichnung | Mengenmäßige Angaben der Zutaten (QUID) für: |
| --- | --- | --- |
| „Lancashire hot pot" | Hammelfleisch und Kartoffeln mit Zwiebeln, Karotten und Sauce | Hammelfleisch |
| „Chili con carne" | Rinderhackfleisch mit Speisebohnen, Tomaten, Paprika, Zwiebeln und Chili | Rinderhackfleisch |
| „Forloren skildpadde" | Kalbfleisch, Fleisch- und Fischfrikadellen mit Zwiebeln, Karotten und Sherrysauce | Kalbfleisch |
| „Boudoir" | Eierbiscuit | Eier |
| „Brandade" | Gericht aus Kartoffeln und Kabeljau | Kabeljau |
| „Cassoulet" | Gericht aus weißen Bohnen, Wurst und Fleischstücken | Fleisch |
| „Königinpastete" | Kalbsragout mit Spargel und Champignons in Blätterteig | Kalbfleisch |
| „Königsberger Klopse" | gekochte Hackfleischbällchen mit weißer Kapernsauce | Fleisch |
| „Gulaschsuppe" | Suppe mit Rindfleisch, Zwiebeln und Paprika | Rindfleisch |
| „Hutspot" | Gericht aus Karotten und Zwiebeln | Karotten und Zwiebeln |
| „Käldolmar" | Kohlblatt, gefüllt mit Hackfleisch und Reis | Fleisch |
| „Kroppkakor" | aus Kartoffeln und Weizenmehl zubereitete Teigbällchen, gefüllt mit gebratenem und geräuchertem Schweinehackfleisch | Schweinefleisch |
| „Janssonin kiusaus" oder „Janssons frestelse" | Gericht aus Kartoffeln und Anchovis | Anchovis |

Artikel 7 Absatz 2 Buchstabe b, Richtlinie 97/4/EG

*„... wenn die betreffende Zutat oder Zutatenklasse auf dem Etikett durch Worte, Bilder oder eine graphische Darstellung hervorgehoben ist"*

7. Diese Anforderung findet insbesondere Anwendung:

(i) wenn eine besondere Zutat auf dem Etikett anderweitig hervorgehoben wird als in der Verkehrsbezeichnung des betreffenden Lebensmittels, z.B. durch Hinweise wie

- „mit Huhn"
- „mit Butter zubereitet"
- „mit Sahne"

oder durch Buchstaben unterschiedlicher Größe, Farbe und/oder eines anderen Typs, um auf dem Etikett besondere Zutaten anderweitig anzugeben als in der Bezeichnung des Lebensmittels;

(ii) wenn eine bildliche Darstellung verwendet wird, um selektiv eine oder mehrere Zutaten hervorzuheben, z.B.:

- Fisch-Terrine, bei der lediglich eine Auswahl der verwendeten Fische gut sichtbar durch ein Bild oder eine Illustration dargestellt wird;

(iii) wenn eine Zutat durch ein Bild hervorgehoben wird, das auf ihren Ursprung hindeutet, z.B.:

- Bild oder Zeichnung einer Kuh, um aus der Molkerei stammende Zutaten hervorzuheben: Milch, Butter.

Diese Bestimmung über hervorgehobene Zutaten sollte beispielsweise in folgenden Fällen nicht angewandt werden:

- wenn ein Bild das zum Kauf angebotene Lebensmittel darstellt; wenn die bildliche Darstellung als „Serviervorschlag" aufgemacht ist*), sofern diese Darstellung eindeutig ist und das zum Kauf angebotene Lebensmittel und/oder bestimmte Zutaten nicht anderweitig hervorhebt;

  *) (z.B.: eine bildliche Darstellung des betreffenden Lebensmittels zusammen mit anderen Erzeugnissen, die als Beilage serviert werden können)

- wenn das Bild sämtliche Bestandteile des Lebensmittels darstellt, ohne einen von ihnen besonders hervorzuheben (z.B.: Bild sämtlicher in einer Suppe verwendeter Gemüsesorten);

– wenn es sich um eine Mischung von Lebensmitteln handelt und bildlich dargestellt wird, wie das Erzeugnis gemäß der Anleitung zuzubereiten ist.

Artikel 7 Absatz 2 Buchstabe c, Richtlinie 97/4/EG

*„... wenn die betreffende Zutat oder Zutatenklasse von wesentlicher Bedeutung für die
Charakterisierung eines Lebensmittels und seine Unterscheidung von anderen Erzeugnissen ist, mit denen es aufgrund seiner Bezeichnung oder seines Aussehens verwechselt werden könnte"*

8.  Diese Bestimmung soll den Anforderungen der Verbraucher in den Mitgliedstaa-
    ten gerecht werden, in denen die Zusammensetzung bestimmter Lebensmittel ge-
    regelt ist und/oder die Verbraucher mit gewissen Bezeichnungen eine bestimmte
    Zusammensetzung in Verbindung bringen.

9.  In diese Kategorie fallen nur sehr wenige Lebensmittel, da diese Bestimmung Er-
    zeugnisse betrifft, deren Zusammensetzung von einem Mitgliedstaat zum anderen
    sehr unterschiedlich sein kann, die jedoch im allgemeinen unter derselben Be-
    zeichnung in den Handel gebracht werden. Die Beispiele, die derzeit im Rahmen
    der Diskussion der Richtlinie und ihrer Durchführung diskutiert werden, sind:

    – Mayonnaise

    – Marzipan

10. Die mengenmäßige Angabe der Zutaten (QUID) gemäß dieser Bestimmung ist
    nur dann verbindlich, wenn die beiden folgenden Bedingungen erfüllt sind: Die
    Zutat oder Zutatenklasse muß von wesentlicher Bedeutung sein

    – für die Charakterisierung des Lebensmittels <u>und</u>

    – für seine Unterscheidung von anderen Erzeugnissen, mit denen es aufgrund
    seiner Bezeichnung oder seines Aussehens verwechselt werden könnte.

### Die mengenmässige Angabe der Zutaten (QUID) ist in folgenden Fällen nicht vorgeschrieben:

Artikel 7 Absatz 3 Buchstabe a erster Gedankenstrich, Richtlinie 97/4/EG

*„...für eine Zutat oder Zutatenklasse, deren Abtropfgewicht gemäß Artikel 8 Absatz 4
angegeben ist"*

11. In Artikel 8 Absatz 4 der Richtlinie 79/112/EWG ist festgelegt, daß bei festen Le-
    bensmitteln in einer Aufgußflüssigkeit das Nettogewicht <u>sowie</u> das Nettoabtropf-
    gewicht in der Etikettierung anzugeben ist.

12. „Aufgußflüssigkeiten" im Sinne des Artikels 8 Absatz 4 sind die folgenden Erzeugnisse, einschließlich ihrer Mischungen, auch gefroren oder tiefgefroren:

    - Wasser

    - Salzlake

    - Essig

    - Frucht- oder Gemüsesäfte in Obst- und Gemüsekonserven

    - wäßrige Lösungen von Salzen, Genußsäuren, Zucker oder sonstigen Süßungsstoffen.

13. Erzeugnisse, in deren Etikettierung gemäß Artikel 8 Absatz 4 das Nettogewicht und das Nettoabtropfgewicht angegeben ist, sind von der separaten mengenmäßigen Angabe der Zutaten freigestellt, da die Menge der Zutat oder der Zutatenklasse aus den Gewichtsangaben errechnet werden kann.

    Beispiel: Thunfisch im eigenen Saft, Ananas in Sirup

    Wird in der Etikettierung von Erzeugnissen, die in einer nicht in Artikel 8 Absatz 4 genannten Aufgußflüssigkeit angeboten werden, freiwillig das Nettoabtropfgewicht angegeben, so ist die QUID nicht erforderlich.

    Beispiel: Thunfisch/Sardinen in Öl

14. Diese Ausnahme gilt nicht, wenn bei Erzeugnissen mit einer Zutatenmischung eine oder mehrere dieser Zutaten in der Bezeichnung genannt werden oder auf irgendeine Weise hervorgehoben werden; denn die Menge jeder Zutat kann nicht aus den übrigen Gewichtsangaben errechnet werden. Gleichwohl ist die QUID nicht im Fall von Obst oder Gemüse erforderlich, wenn keine einzelne Sorte gewichtsmäßig überwiegt (siehe die Ausnahme in Absatz 23).

Artikel 7 Absatz 3 Buchstabe a zweiter Gedankenstrich, Richtlinie 97/4/EG

*„... für eine Zutat oder Zutatenklasse, deren Menge aufgrund von Gemeinschaftsbestimmungen bereits auf dem Etikett angegeben sein muß"*

15. Die hier angesprochenen Gemeinschaftsbestimmungen sind in Anhang A aufgeführt. Eine mengenmäßige Angabe der Zutaten (QUID) ist nicht vorgeschrieben, wenn nach diesen Bestimmungen bereits die Menge der betreffenden Zutat oder Zutatenklasse in der Etikettierung anzugeben ist. Werden jedoch bei Nektar oder Konfitüre eine oder mehrere Obstsorten in der Verkehrsbezeichnung genannt, so ist der prozentuale Anteil dieser Zutaten anzugeben.

Artikel 7 Absatz 3 Buchstabe a dritter Gedankenstrich, Richtlinie 97/4/EG

*„...für eine Zutat oder Zutatenklasse, die in kleinen Mengen zur Geschmacksgebung verwendet wird"*

16. Diese Ausnahme gilt unabhängig davon, ob es eine bildliche Darstellung auf dem Etikett gibt oder nicht. Es versteht sich, daß die Etikettierung mit den Vorschriften über die Verwendung des Begriffs „Aroma" (Richtlinie 88/388/EWG) konform sein muß.

17. Die Ausnahme ist nicht auf Aromen im Sinne der Richtlinie 88/388/EWG beschränkt, sondern gilt auch für alle Zutaten (oder Zutatenklassen), die in geringen Mengen zur Geschmacksgebung in Lebensmitteln verwendet werden (z. B. Knoblauch, Kräuter oder Gewürze).

18. Der Begriff „kleine Menge" ist dem Ermessen der Mitgliedstaaten anheimgestellt.

Beispiel: Knoblauchbrot, Chips mit Krabbenaroma

Artikel 7 Absatz 3 Buchstabe a vierter Gedankenstrich, Richtlinie 97/4/EG

*„...für eine Zutat oder Zutatenklasse, die, obwohl sie in der Verkehrsbezeichnung aufgeführt wird, für die Wahl des Verbrauchers nicht ausschlaggebend ist, weil unterschiedliche Mengen für die Charakterisierung des betreffenden Lebensmittels nicht wesentlich sind und es nicht von ähnlichen Lebensmitteln unterscheiden."*

19. Diese Bestimmung sieht eine Ausnahme von der Pflicht zur mengenmäßigen Angabe der Zutaten (QUID) in den Fällen vor, in denen die Menge einer in der Bezeichnung eines Lebensmittels genannten Zutat nicht die Kaufentscheidung des Verbrauchers beeinflußt.

20. Diese Ausnahme gilt nur für die bereits beschriebenen Fälle, in denen der Name der Zutat in der Bezeichnung des Lebensmittels erscheint. Sie gilt ferner, wenn die in der Bezeichnung verwendete Formulierung auf verschiedenen Seiten der Verpackung des Erzeugnisses wiederholt wird. Sie gilt nicht, wenn der Name der Zutat hervorgehoben wird, insbesondere, wenn er an anderer Stelle als in der Verkehrsbezeichnung zusammen mit Hinweisen, die die Aufmerksamkeit des Käufers auf das Vorhandensein dieser Zutat lenken, genannt wird.

21. Die Arten der unter diese Ausnahme fallenden Lebensmittel waren Gegenstand der Diskussion zwischen Mitgliedstaaten und Kommission bei den Verhandlungen über die Richtlinie. Eine gemeinsame Erklärung der Kommission und der

Mitgliedstaaten enthält eine nicht abschließende Liste von Erzeugnissen, für die diese Ausnahme gilt. Hierbei handelt es sich um:

– Malt Whiskey/Whisky,

– Liköre und Obstschnäpse,

– Roggenbrot (ausschließlich mit Roggenmehl zubereitet).

Selbstverständlich können auch andere Erzeugnisse in den Genuß dieser Ausnahmeregelung kommen.

Artikel 7 Absatz 3 Buchstabe b, Richtlinie 97/4/EG

*„... wenn in spezifischen Gemeinschaftsbestimmungen die Menge der Zutat oder der Zutatenklasse präzise festgelegt, deren Angabe in der Etikettierung aber nicht vorgesehen ist"*

22. Uns sind keine Gemeinschaftsbestimmungen bekannt, die die genaue Menge einer Zutat, aber nicht deren Angabe in der Etikettierung vorsehen. Die Tatsache, daß eine Mindestmenge einer Zutat vorgeschrieben wird, rechtfertigt diese Ausnahme nicht, da nach Artikel 7 die Menge präzise festgelegt sein muß.

Artikel 7 Absatz 3 Buchstabe c, Richtlinie 97/4/EG

*... in den Fällen des Artikels 6 Absatz 5 Buchstabe a) vierter und fünfter Gedankenstrich der Richtlinie 79/112/EWG*

23. Die mengenmäßige Angabe der Zutaten (QUID) ist <u>nicht</u> erforderlich bei Lebensmitteln in Form von:

– Obst- oder Gemüsemischungen oder

– Gewürzmischungen und Gewürzzubereitungen,

die sich in ihrem Gewichtsanteil nicht wesentlich unterscheiden.

## Mengenangabe

Artikel 7 Absatz 4, Richtlinie 97/4/EG

*„Die als Prozentsatz anzugebende Menge entspricht der Menge der Zutat bzw. Zutaten zum Zeitpunkt ihrer Verarbeitung. Für bestimmte Lebensmittel können Gemein-*

*schaftsbestimmungen jedoch Ausnahmen von diesem Grundsatz vorsehen. Diese Bestimmungen werden nach dem Verfahren des Artikels 17 erlassen."*

24. Die anzugebende Menge der Zutaten wird anhand der Rezeptanweisungen über deren Verarbeitung berechnet; entsprechend erfolgt auch die Festlegung der Reihenfolge im Zutatenverzeichnis (Artikel 6 Absatz 5 Buchstabe a). Artikel 6 Absatz 5 sieht mehrere Ausnahmen von diesem Prinzip vor, insbesondere für konzentrierte und getrocknete Zutaten. Es erweist sich als notwendig, ähnliche Ausnahmen bezüglich der QUID vorzusehen.

25. Die mengenmäßige Angabe der Zutaten (QUID) bezieht sich auf die Zutaten, wie sie im Zutatenverzeichnis angegeben sind. Beispielsweise muß sich die mengenmäßige Angabe der durch Begriffe wie „Huhn", „Milch", „Ei", „Banane" angegebenen Zutaten auf deren rohe/vollständige Form beziehen, da die verwendeten Bezeichnungen keinen Hinweis auf eine erfolgte Behandlung enthalten und vermuten lassen, daß die Erzeugnisse in ihrer ursprünglichen Form verwendet wurden. Zutaten, aus deren Bezeichnung hervorgeht, daß sie nicht in roher/vollständiger Form verwendet wurden, wie z. B. „Brathuhn", „Milchpulver", „kandierte Früchte", müssen wie üblich mengenmäßig aufgeführt werden. Die Angabe der verarbeiteten Zutaten könnte durch den Zusatz „Roherzeugnisäquivalent" ergänzt werden, was dem Verbraucher helfen würde, gleichartige Erzeugnisse miteinander zu vergleichen, deren Zutaten in unterschiedlicher Form verarbeitet wurden.

26. Gemäß Artikel 6 Absatz 5 Buchstabe a werden zugefügtes Wasser und flüchtige Zutaten im Verzeichnis der Zutaten nach Maßgabe ihres Gewichtsanteils am Enderzeugnis angegeben. Ferner kann Wasser unberücksichtigt bleiben, wenn es nicht mehr als 5 % des Gewichts des Enderzeugnisses ausmacht. Aus Gründen der Kohärenz muß diese Bestimmung bei der Berechnung der Menge der Zutaten eines Lebensmittels, dem Wasser zugefügt wurde, berücksichtigt werden.

27. Die in der Etikettierung angegebenen Mengen bezeichnen die mittlere Menge der anzugebenden Zutat oder Zutatenklasse. Unter der mittleren Menge einer Zutat oder Zutatenklasse ist diejenige Menge der Zutat oder Zutatenklasse zu verstehen, die bei Einhaltung der Rezeptanweisungen und einer guten Herstellungspraxis Verwendung findet, wobei die Schwankungen innerhalb der guten Herstellungspraxis zu berücksichtigen sind.

## Anbringung der mengenmäßigen Angabe der Zutaten (QUID)

Artikel 7 Absatz 5, Richtlinie 97/4/EG

*„Die Angabe gemäß Absatz 1 ist entweder in der Verkehrsbezeichnung selbst oder in ihrer unmittelbaren Nähe oder in der Liste der Zutaten zusammen mit der betreffenden Zutat oder Zutatenklasse aufzuführen."*

28. Die vorgeschriebene Angabe muß der Verkehrsbezeichnung des Lebensmittels beigefügt sein oder im Zutatenverzeichnis aufgeführt werden. Im Falle der Zutatenklassen, die nicht in Anhang I der Richtlinie 79/112/EWG genannt sind und somit nicht als solche im Zutatenverzeichnis aufgeführt werden können, ist die Menge zusammen mit der Verkehrsbezeichnung anzugeben.

29. Für den Fall, daß diese Angabe der Verkehrsbezeichnung beigefügt sein muß, gibt es keine Bestimmung, die vorschreibt, daß sie auf der größten Seite der Verpackung oder auf dem Hauptetikett erfolgen muß oder daß ihre Buchstaben eine besondere Größe haben müssen. Es genügt daher, daß die Angabe einmal zusammen mit der gesetzlich vorgeschriebenen Bezeichnung erfolgt, wenn dies aus praktischen Gründen vorzuziehen ist und sofern die Angabe gut sichtbar, leicht leserlich und unauslöschbar ist.

### Nährwertkennzeichnung

Artikel 7 Absatz 6, Richtlinie 97/4/EG

*„Dieser Artikel gilt unbeschadet der Gemeinschaftsvorschriften über die Nährwertkennzeichnung."*

30. Die mengenmäßige Angabe der Zutaten (QUID) ersetzt nicht die Nährwertkennzeichnung.

**Anhang A (siehe Punkt 15 der Leitlinien)**

**Gemeinschaftsbestimmungen**

| | |
|---|---|
| Richtlinie 93/77/EWG des Rates | Fruchtsäfte und einige gleichartige Erzeugnisse (Artikel 10 Absatz 4 Buchstabe d: „Fruchtgehalt" bei Fruchtnektar) |
| Richtlinie 79/693/EWG des Rates | Konfitüren, Gelees, Marmeladen und Maronenkrem |
| Verordnung (EG) Nr. 2991/94 des Rates | Normen für Streichfette (Artikel 3) |

## 3.4 Siebte Verordnung zur Änderung der Lebensmittel-Kennzeichnungsverordnung und anderer lebensmittelrechtlicher Verordnungen*⁾

(Entwurf, Stand: 17. März 1999)

Das Bundesministerium für Gesundheit verordnet auf Grund des § 19 Abs. 1 Nr. 1, 2 Buchstabe b und 4 Buchstabe b des Lebensmittel- und Bedarfsgegenständegesetzes in der Fassung der Bekanntmachung vom 9. September 1997 (BGBl. I S. 2296) in Verbindung mit Artikel 56 Abs. 1 des Zuständigkeitsanpassungs-Gesetzes vom 18. März 1975 (BGBl. I S. 705) und dem Organisationserlaß vom 27. Oktober 1998 (BGBl. I S. 3288) im Einvernehmen mit den Bundesministerien für Ernährung, Landwirtschaft und Forsten und für Wirtschaft und Technologie:

### Artikel 1

#### Änderung der Lebensmittel-Kennzeichnungsverordnung

Die Lebensmittel-Kennzeichnungsverordnung in der Fassung der Bekanntmachung vom 6. September 1984 (BGBl. I S. 1221), zuletzt geändert durch § 10 Abs. 2 der Verordnung über Spirituosen vom 29. Januar 1998 (BGBl. I S. 310) wird wie folgt geändert:

1. § 1 Abs. 3 Nr. 6 wird gestrichen.

2. § 3 wird wie folgt geändert:

   a) In Absatz 1 Nr. 5 wird der Punkt am Ende durch ein Komma ersetzt und folgende Nummer 6 angefügt:

---

*⁾ Diese Verordnung dient zur Umsetzung der Richtlinie 97/4/EG des Europäischen Parlaments und des Rates vom 27. Januar 1997 zur Änderung der Richtlinie 79/112/EWG zur Angleichung der Rechtsvorschriften der Mitgliedstaaten über die Etikettierung und Aufmachung von Lebensmitteln sowie die Werbung hierfür (ABl. EG Nr. L 43 S. 21),

Richtlinie 1999/10/EG der Kommission vom 8. März 1999 über Ausnahmen von Artikel 7 der Richtlinie 79/112/EWG des Rates hinsichtlich der Etikettierung von Lebensmitteln (ABl. EG Nr. L 69 S. 22) und

Richtlinie 97/76/EG des Rates vom 16. Dezember 1997 zur Änderung der Richtlinien 77/99/EWG und 72/462/EWG in bezug auf die Vorschriften für Hackfleisch/Faschiertes, Fleischzubereitungen und bestimmte andere Erzeugnisse tierischen Ursprungs (ABl. EG 1998 Nr. L 10 S. 25).

„6. die Menge bestimmter Zutaten oder Klassen von Zutaten nach Maßgabe des § 8."

b) Absatz 4 wird wie folgt geändert:

aa) In Nummer 1 Buchstabe c werden vor dem Wort „Fertigpackungen" die Worte „Lebensmittel in" eingefügt.

bb) Nummer 2 wird wie folgt gefaßt:

„2. die Angaben nach Absatz 1 bei Fleisch in Reife- und Transportpackungen, die zur Abgabe an Verbraucher im Sinne des § 6 Abs. 2 des Lebensmittel- und Bedarfsgegenständegesetzes bestimmt sind,"

3. § 4 wird wie folgt gefaßt:

## „§ 4
## Verkehrsbezeichnung

(1) Die Verkehrsbezeichnung eines Lebensmittels ist die in Rechtsvorschriften festgelegte Bezeichnung, bei deren Fehlen

1. die nach allgemeiner Verkehrsauffassung übliche Bezeichnung oder

2. eine Beschreibung des Lebensmittels und erforderlichenfalls seine Verwendung, die es dem Verbraucher ermöglicht, die Art des Lebensmittels zu erkennen und es von verwechselbaren Erzeugnissen zu unterscheiden.

(2) Abweichend von Absatz 1 gilt als Verkehrsbezeichnung für ein Lebensmittel ferner die Bezeichnung, unter der das Lebensmittel in einem anderen Mitgliedstaat der Europäischen Union oder einem anderen Vertragsstaat des Abkommens über den Europäischen Wirtschaftsraum rechtmäßig hergestellt und rechtmäßig in den Verkehr gebracht wird. Diese Verkehrsbezeichnung ist durch beschreibende Angaben zu ergänzen, wenn anderenfalls, insbesondere unter Berücksichtigung der sonstigen in dieser Verordnung vorgeschriebenen Angaben, der Verbraucher nicht in der Lage wäre, die Art des Lebensmittels zu erkennen und es von verwechselbaren Erzeugnissen zu unterscheiden. Die Angaben nach Satz 2 sind in der Nähe der Verkehrsbezeichnung anzubringen.

(3) Absatz 2 gilt nicht, wenn das Lebensmittel im Hinblick auf seine Zusammensetzung oder Herstellung von einem unter der verwendeten Verkehrsbezeichnung bekannten Lebensmittel derart abweicht, daß durch die in Absatz 2 vorgesehenen Angaben eine Unterrichtung des Verbrauchers nicht gewährleistet werden kann.

(4) Hersteller - oder Handelsmarken oder Phantasienamen können die Verkehrsbezeichnung nicht ersetzen."

4. § 6 wird wie folgt geändert:

a) Absatz 4 wird wie folgt geändert:

aa) Der Nummer 1 wird folgender Halbsatz angefügt:
„der Klassenname „Stärke" ist durch die Angabe der spezifischen pflanzlichen Herkunft zu ergänzen, wenn diese Zutaten Gluten enthalten könnten;"

bb) In Nummer 2 werden die Worte „bei chemisch modifizierten Stärken genügt die Angabe des Klassennamens." durch die Worte „der Klassenname „modifizierte Stärke" ist durch die Angabe der spezifischen pflanzlichen Herkunft zu ergänzen, wenn diese Zutaten Gluten enthalten könnten; im übrigen genügt bei chemisch modifizierten Stärken die Angabe des Klassennamens." ersetzt.

b) Absatz 6 Nr. 3 wird wie folgt gefaßt:
„3. Erzeugnissen aus nur einer Zutat, sofern die Verkehrsbezeichnung dieselbe Bezeichnung wie die Zutat hat oder die Verkehrsbezeichnung eindeutig auf die Art der Zutat schließen läßt."

5. § 8 wird wie folgt gefaßt:

„§ 8
**Mengenkennzeichnung von Zutaten**

(1) Die Menge einer bei der Herstellung eines zusammengesetzten Lebensmittels verwendeten Zutat oder einer verwendeten Klasse oder vergleichbaren Gruppe von Zutaten (Gattung von Zutaten) ist gemäß Absatz 4 anzugeben,

1. wenn die Bezeichnung der Zutat oder der Gattung von Zutaten in der Verkehrsbezeichnung des Lebensmittels angegeben ist,

2. wenn die Verkehrsbezeichnung darauf hindeutet, daß das Lebensmittel die Zutat oder die Gattung von Zutaten enthält,

3. wenn die Zutat oder die Gattung von Zutaten auf dem Etikett durch Worte, Bilder oder eine graphische Darstellung hervorgehoben ist oder

4. wenn die Zutat oder die Gattung von Zutaten von wesentlicher Bedeutung für die Charakterisierung des Lebensmittels und seine Unterscheidung von anderen Lebensmitteln ist, mit denen es aufgrund seiner Bezeichnung oder seines Aussehens verwechselt werden könnte.

In den Fällen des Satzes 1 dürfen Lebensmittel in Fertigpackungen ohne die vorgeschriebenen Angaben gewerbsmäßig nicht in den Verkehr gebracht werden.

(2) Absatz 1 gilt nicht

1. für eine Zutat oder Gattung von Zutaten,

   a) deren Abtropfgewicht nach § 11 der Fertigpackungsverordnung angegeben ist,

   b) deren Mengenangabe bereits auf dem Etikett durch eine andere Rechtsvorschrift vorgeschrieben ist,

   c) die in geringer Menge zur Geschmacksgebung verwendet wird oder

   d) die, obwohl sie in der Verkehrsbezeichnung aufgeführt wird, für die Wahl des Verbrauchers nicht ausschlaggebend ist, da unterschiedliche Mengen für die Charakterisierung des betreffenden Lebensmittels nicht wesentlich sind oder es nicht von ähnlichen Lebensmitteln unterscheiden;

2. wenn in Rechtsvorschriften die Menge der Zutat oder der Gattung von Zutaten konkret festgelegt, deren Angabe auf dem Etikett aber nicht vorgesehen ist;

3. in den Fällen des § 6 Abs. 2 Nr. 5.

(3) Absatz 1 Nr. 1 bis 3 gilt nicht

1. in den Fällen des § 9 Abs. 2 und 3 der Zusatzstoff-Zulassungsverordnung;

2. für die Angabe von Vitaminen oder Mineralstoffen, sofern eine Kennzeichnung dieser Stoffe nach Maßgabe der Nährwert-Kennzeichnungsverordnung erfolgt.

(4) Die Menge der Zutaten oder der Gattung von Zutaten ist in Gewichtshundertteilen, bezogen auf den Zeitpunkt ihrer Verwendung bei der Herstellung des Lebensmittels, anzugeben. Die Angabe hat in der Verkehrsbezeichnung, in ihrer unmittelbaren Nähe oder im Verzeichnis der Zutaten bei der Angabe der betroffenen Zutat oder Gattung von Zutaten zu erfolgen. Abweichend von Satz 1

1. ist die Menge der bei der Herstellung des Lebensmittels verwendeten Zutat oder Zutaten bei Lebensmitteln, denen infolge einer Hitze- oder einer sonstigen Behandlung Feuchtigkeit entzogen wurde, nach ihrem Anteil bei der Verwendung, bezogen auf das Enderzeugnis anzugeben; übersteigt hiernach die Menge einer oder die in der Etikettierung anzugebende Gesamtmenge aller Zutaten 100 Gewichtshundertteile, so erfolgt die Angabe in Gewicht der für die Herstellung von 100 Gramm des Enderzeugnisses verwendeten Zutat oder Zutaten;

2.  ist die Menge flüchtiger Zutaten nach Maßgabe ihres Gewichtsanteiles im Enderzeugnis anzugeben;

3.  kann die Menge an Zutaten im Sinne des § 6 Abs. 2 Nr. 2 nach Maßgabe ihres Gewichtsanteiles vor der Eindickung oder dem Trocknen angegeben werden;

4.  kann bei Lebensmitteln im Sinne des § 6 Abs. 2 Nr. 4 die Menge an Zutaten nach Maßgabe ihres Gewichtsanteiles an dem in seinen ursprünglichen Zustand zurückgeführten Erzeugnis angegeben werden.

Die Nummern 1 bis 4 gelten entsprechend für Gattungen von Zutaten."

6.  § 9 wird aufgehoben.

7.  Die Überschrift des Dritten Abschnitts wird wie folgt gefaßt:

„Dritter Abschnitt
Straftaten und Ordnungswidrigkeiten"

8.  § 10 wird wie folgt geändert:

a)  Es wird folgender neuer Absatz 1 eingefügt:

„(1) Nach § 52 Abs. 1 Nr. 11 des Lebensmittel- und Bedarfsgegenständegesetzes wird bestraft, wer entgegen § 7 a Abs. 4 ein Lebensmittel gewerbsmäßig in den Verkehr bringt."

b)  Der bisherige Absatz 1 wird Absatz 2.

c)  In Absatz 2 wird die Angabe „§ 8 Abs. 1 oder 2 oder § 9 Abs. 1 oder 2" durch die Angabe „oder § 8 Abs. 1 oder 4" ersetzt.

9.  § 10 a wird wie folgt geändert:

a)  Absatz 1 wird wie folgt gefaßt:

„(1) Lebensmittel, die den Vorschriften dieser Verordnung in der ab dem ... (Einsetzen: Tag des Inkrafttretens der Siebten Verordnung zur Änderung der Lebensmittel-Kennzeichnungsverordnung und anderer lebensmittelrechtlicher Verordnungen) nicht entsprechen, dürfen noch bis zum [31. Dezember 2000] nach den bis zum ... (Einsetzen: Tag vor dem Inkrafttreten der Siebten Verordnung zur Änderung der Lebensmittel-Kennzeichnungsverodnung und anderer lebensmittelrechtlicher Verordnungen) geltenden Vorschriften gekennzeichnet und auch nach dem [31. Dezember 2000] noch bis zum Aufbrauchen der Bestände in den Verkehr gebracht werden."

b) Absatz 2 wird aufgehoben.

c) In Absatz 4 wird die Angabe „§ 16 Abs. 1" durch die Angabe „§ 7 Abs. 1" ersetzt.

## Artikel 2

### Änderung anderer lebensmittelrechtlicher Verordnungen

(1) Die Verordnung über vitaminisierte Lebensmittel in der im Bundesgesetzblatt Teil III, Gliederungsnummer 2125-4-23, veröffentlichten bereinigten Fassung, zuletzt geändert durch Artikel 2 der Verordnung vom 25. November 1994 (BGBl. I S. 3526) wird wie folgt geändert:

1. § 1 b wird wie folgt geändert:

   a) In Absatz 1 Nr. 1 Buchstabe c und Nr. 2 Buchstabe c wird jeweils die Angabe „§ 7 Abs. 3 durch die Angabe „§ 6 Abs. 3" ersetzt.

   b) Absatz 2 wird aufgehoben.

2. In § 2 Abs. 2 werden die Worte „die den Lebensmitteln zugesetzten Vitamine nach ihrer Menge, bezogen auf 100 Gramm, bei Flüssigkeiten auf 100 Milliliter des Lebensmittels," gestrichen.

3. In § 3 wird folgender Absatz 2 angefügt:

   „(2) Lebensmittel, die den Vorschriften der Lebensmittel-Kennzeichnungsverordnung in der vom ... (Einsetzen: Tag des Inkrafttretens der Siebten Verordnung zur Änderung der Lebensmittel-Kennzeichnungsverordnung und anderer lebensmittelrechtlicher Verordnungen) an geltenden Fassung nicht entsprechen, dürfen noch bis zum [31. Dezember 2000] nach den bis zum ... ... (Einsetzen: Tag vor dem Inkrafttreten der Siebten Verordnung zur Änderung der Lebensmittel-Kennzeichnungsverordnung und anderer lebensmittelrechtlicher Verordnungen) geltenden Vorschriften gekennzeichnet und auch nach dem [31. Dezember 2000] noch bis zum Aufbrauchen der Bestände in den Verkehr gebracht werden."

(2) Die Fleischverordnung in der Fassung der Bekanntmachung vom 21. Januar 1982 (BGBl. I S. 89), zuletzt geändert durch Artikel 4 der Verordnung zur Neuordnung lebensmittelrechtlicher Vorschriften über Zusatzstoffe vom 29. Januar 1998 (BGBl. I S. 230, 293) wird wie folgt geändert:

1. § 3 wird wie folgt geändert:

   a) Absatz 2 wird wie folgt gefaßt:

„(2) Enthält ein Lebensmittel einen aus der Verkehrsbezeichnung nicht hervorgehenden oder infolge der Verpackung nicht deutlich erkennbaren Anteil an Knochen, so ist zusätzlich zu der Kennzeichnung nach der Lebensmittel-Kennzeichnungsverordnung ein Hinweis hierauf erforderlich."

b) Absatz 2 a wird wie folgt gefaßt:

„(2a) Zusätzlich zu den Vorschriften in der Lebensmittel-Kennzeichnungsverordnung ist bei Fleisch- und Fleischerzeugnissen, die unter Verwendung von Stärke oder von Eiweiß tierischen oder pflanzlichen Ursprungs hergestellt worden sind, die Verwendung dieser Stoffe in Verbindung mit der Verkehrsbezeichnung auf der Fertigpackung anzugeben, sofern die Verwendung dieser Stoffe zu anderen als technologischen Zwecken erfolgt."

2. § 14 wird wie folgt gefaßt:

„§ 14

Lebensmittel, die den Vorschriften der Lebensmittel-Kennzeichnungsverordnung in der vom ... (Einsetzen: Tag des Inkrafttretens der Siebten Verordnung zur Änderung der Lebensmittel-Kennzeichnungsverordnung und anderer lebensmittelrechtlicher Verordnungen) an geltenden Fassung nicht entsprechen, dürfen noch bis zum [31. Dezember 2000] nach den bis zum ... ... (Einsetzen: Tag vor dem Inkrafttreten der Siebten Verordnung zur Änderung der Lebensmittel-Kennzeichnungsverordnung und anderer lebensmittelrechtlicher Verordnungen) geltenden Vorschriften gekennzeichnet und auch nach dem [31. Dezember 2000] noch bis zum Aufbrauchen der Bestände in den Verkehr gebracht werden."

(3) Die Hackfleisch-Verordnung vom 10. Mai 1976 (BGBl. I S. 1186), zuletzt geändert durch Artikel 3 der Verordnung vom 3. Dezember 1997 (BGBl. I S. 2786, 2839), wird wie folgt geändert:

1. § 7 Abs. 2 wird wie folgt gefaßt:

„(2) Enthält ein Erzeugnis einen aus der Verkehrsbezeichnung nicht hervorgehenden oder infolge der Verpackung nicht deutlich erkennbaren Anteil an Knochen, so ist zusätzlich zu der Kennzeichnung nach den Vorschriften der Lebensmittel-Kennzeichnungsverordnung ein Hinweis hierauf erforderlich."

2. In § 21 wird folgender Absatz 4 angefügt:

„(4) Lebensmittel, die den Vorschriften der Lebensmittel-Kennzeichnungsverordnung in der vom ... (Einsetzen: Tag des Inkrafttretens der Siebten Verordnung zur Änderung der Lebensmittel-Kennzeichnungsverordnung und anderer lebensmittelrechtlicher Verordnungen) an geltenden Fassung nicht entsprechen, dürfen noch bis zum [31. Dezember 2000] nach den bis zum ... ... (Einsetzen: Tag vor dem Inkrafttreten der Siebten Verordnung zur Änderung der Lebensmittel-Kennzeichnungsverordnung und anderer lebensmittelrechtlicher Verordnungen) geltenden Vorschriften gekennzeichnet und auch nach dem [31. Dezember 2000] noch bis zum Aufbrauchen der Bestände in den Verkehr gebracht werden."

(4) Die Milcherzeugnisverordnung vom 15. Juli 1970 (BGBl. I S. 1150), zuletzt geändert durch Artikel 6 der Verordnung lebensmittelrechtlicher Vorschriften über Zusatzstoffe vom 29. Januar 1998 (BGBl. I S. 230, 294), wird wie folgt geändert:

1. § 3 Abs. 1 Satz 2 wird wie folgt gefaßt:

„§ 8 der Lebensmittel-Kennzeichnungsverordnung sowie § 9 der Zusatzstoff-Zulassungsverordnung sind anzuwenden."

2. In § 7 b wird folgender Absatz 3 angefügt:

„(3) Lebensmittel, die den Vorschriften der Lebensmittel-Kennzeichnungsverordnung in der vom ... (Einsetzen: Tag des Inkrafttretens der Siebten Verordnung zur Änderung der Lebensmittel-Kennzeichnungsverordnung und anderer lebensmittelrechtlicher Verordnungen) an geltenden Fassung nicht entsprechen, dürfen noch bis zum [31. Dezember 2000] nach den bis zum ... ... (Einsetzen: Tag vor dem Inkrafttreten der Siebten Verordnung zur Änderung der Lebensmittel-Kennzeichnungsverordnung und anderer lebensmittelrechtlicher Verordnungen) geltenden Vorschriften gekennzeichnet und auch nach dem [31. Dezember 2000] noch bis zum Aufbrauchen der Bestände in den Verkehr gebracht werden."

(5) Die Käseverordnung vom 14. April 1986 (BGBl. I S. 412), zuletzt geändert durch Artikel 8 der Verordnung zur Neuordnung lebensmittelrechtlicher Vorschriften über Zusatzstoffe vom 29. Januar 1998 (BGBl. I S. 230, 294), wird wie folgt geändert:

1. § 14 Abs. 1 Satz 2 wird wie folgt gefaßt:

„§ 8 der Lebensmittel-Kennzeichnungsverordnung sowie § 9 der Zusatzstoff-Zulassungsverordnung sind anzuwenden."

2. § 17 wird wie folgt geändert:

a) Absatz 1 wird aufgehoben.

b) In Absatz 2 Satz 1 wird das Wort „ferner" gestrichen.

3. In § 31 a wird folgender Absatz 3 angefügt:

„(3) Lebensmittel, die den Vorschriften der Lebensmittel-Kennzeichnungsverordnung in der vom ... (Einsetzen: Tag des Inkrafttretens der Siebten Verordnung zur Änderung der Lebensmittel-Kennzeichnungsverordnung und anderer lebensmittelrechtlicher Verordnungen) an geltenden Fassung nicht entsprechen, dürfen noch bis zum [31. Dezember 2000] nach den bis zum ... ... (Einsetzen: Tag vor dem Inkrafttreten der Siebten Verordnung zur Änderung der Lebensmittel-Kennzeichnungsverordnung und anderer lebensmittelrechtlicher Verordnungen) geltenden Vorschriften gekennzeichnet und auch nach dem [31. Dezember 2000] noch bis zum Aufbrauchen der Bestände in den Verkehr gebracht werden."

(6)  Die Konfitürenverordnung vom 26. Oktober 1982 (BGBl. I S. 1434), zuletzt geändert durch Artikel 10 der Verordnung zur Neuordnung lebensmittelrechtlicher Vorschriften über Zusatzstoffe vom 29. Januar 1998 (BGBl. I S. 230, 295), wird wie folgt geändert:

1.  § 3 Abs. 2 wird wie folgt geändert:

a)  Nummer 5 wird wie folgt geändert:

aa)  Im einleitenden Satzteil wird die Angabe „Anlage 1 Nr. 1 bis 8 und 10" durch die Angabe „Anlage 1 Nr. 1 bis 6" ersetzt.

bb)  Buchstabe a wird wie folgt gefaßt:

„a)  bei Marmelade auf die verwendeten Früchte,"

cc)  In Buchstabe b wird die Angabe „Anlage 1 Nr. 1 bis 4, 6 und 10" durch die Angabe „Anlage 1 Nr. 1 bis 4 und 6" ersetzt.

b)  Nummer 6 wird gestrichen.

c)  Folgender Satz wird angefügt:

„Für Erzeugnisse im Sinne der Anlage 1 Nr. 7 bis 10 gilt im übrigen § 8 der Lebensmittel-Kennzeichnungsverordnung."

2.  In § 5 Abs. 4 wird die Angabe „§ 3 Abs. 2 oder 3" durch die Angabe „§ 3 Abs. 2 Satz 1 oder Abs. 3" ersetzt.

3.  In § 6 wird folgender Absatz 2 angefügt:

„(2) Lebensmittel, die den Vorschriften der Lebensmittel-Kennzeichnungsverordnung in der vom ... (Einsetzen: Tag des Inkrafttretens der Siebten Verordnung zur Änderung der Lebensmittel-Kennzeichnungsverordnung und anderer lebensmittelrechtlicher Verordnungen) an geltenden Fassung nicht entsprechen, dürfen noch bis zum [31. Dezember 2000] nach den bis zum ... ... (Einsetzen: Tag vor dem Inkrafttreten der Siebten Verordnung zur Änderung der Lebensmittel-Kennzeichnungsverordnung und anderer lebensmittelrechtlicher Verordnungen) geltenden Vorschriften gekennzeichnet und auch nach dem [31. Dezember 2000] noch bis zum Aufbrauchen der Bestände in den Verkehr gebracht werden."

(7) Die Fruchtsaft-Verordnung in der Fassung der Bekanntmachung vom 17. Februar 1982 (BGBl. I S. 193), zuletzt geändert durch Artikel 11 der Verordnung zur Neuordnung lebensmittelrechtlicher Vorschriften über Zusatzstoffe vom 29. Januar 1998 (BGBl. I S. 230, 295) wird wie folgt geändert:

1. § 4 Abs. 8 wird aufgehoben.

2. § 6 Abs. 3 wird wie folgt gefaßt:

„(3) Ordnungswidrig im Sinne des § 54 Abs. 1 Nr. 2 des Lebensmittel- und Bedarfsgegenständegesetzes handelt, wer vorsätzlich oder fahrlässig Erzeugnisse im Sinne des § 1, die entgegen § 4 Abs. 4 Nr. 2, 3 oder 4 oder Abs. 5 nicht oder nicht in der vorgeschriebenen Weise mit den dort bezeichneten Angaben versehen sind, gewerbsmäßig in den Verkehr bringt."

3. In § 7 wird folgender Absatz 2 angefügt:

„(2) Lebensmittel, die den Vorschriften der Lebensmittel-Kennzeichnungsverordnung in der vom … (Einsetzen: Tag des Inkrafttretens der Siebten Verordnung zur Änderung der Lebensmittel-Kennzeichnungsverordnung und anderer lebensmittelrechtlicher Verordnungen) an geltenden Fassung nicht entsprechen, dürfen noch bis zum [31. Dezember 2000] nach den bis zum … …(Einsetzen: Tag vor dem Inkrafttreten der Siebten Verordnung zur Änderung der Lebensmittel-Kennzeichnungsverordnung und anderer lebensmittelrechtlicher Verordnungen) geltenden Vorschriften gekennzeichnet und auch nach dem [31. Dezember 2000] noch bis zum Aufbrauchen der Bestände in den Verkehr gebracht werden."

(8) Die Verordnung über Fruchtnektar und Fruchtsirup in der Fassung der Bekanntmachung vom 17. Februar 1982 (BGBl. I S. 198), zuletzt geändert durch Artikel 12 der Verordnung zur Neuordnung lebensmittelrechtlicher Vorschriften über Zusatzstoffe vom 29. Januar 1998 (BGBl. I S. 230, 296), wird wie folgt geändert:

1. § 4 wird wie folgt geändert:

   a) In Absatz 4 Nr. 3 werden die Worte „bei Fruchtsirup die Angabe des Mindestgehalts an Fruchtsaft oder Früchten" gestrichen.

   b) Absatz 8 wird aufgehoben.

2. § 6 Abs. 2 wird wie folgt gefaßt:

„(2) Ordnungswidrig im Sinne des § 54 Abs. 1 Nr. 2 des Lebensmittel- und Bedarfsgegenständegesetzes handelt, wer vorsätzlich oder fahrlässig Erzeugnisse im Sinne des § 1, die entgegen § 4 Abs. 4 Nr. 3 oder 4 oder Abs. 5 nicht oder nicht in der vorgeschriebenen Weise mit den dort bezeichneten Angaben versehen sind, gewerbsmäßig in den Verkehr bringt."

3. In § 8 wird folgender Absatz 2 angefügt:

„(2) Lebensmittel, die den Vorschriften der Lebensmittel-Kennzeichnungsverordnung in der vom … (Einsetzen: Tag des Inkrafttretens der Siebten Verordnung zur Änderung der Lebensmittel-Kennzeichnungsverordnung und anderer lebensmittelrechtlicher Verordnungen) an geltenden Fassung nicht entsprechen, dürfen noch bis zum [31. Dezember 2000] nach den bis zum … …(Einsetzen: Tag vor dem Inkrafttreten der Siebten Verordnung zur Änderung der Lebensmittel-Kennzeichnungsverordnung und anderer lebensmittelrechtlicher Verordnungen) geltenden Vorschriften gekennzeichnet und auch nach dem [31. Dezember 2000] noch bis zum Aufbrauchen der Bestände in den Verkehr gebracht werden."

(9) Die Mineral- und Tafelwasser-Verordnung vom 1. August 1984 (BGBl. I S. 1036), zuletzt geändert durch Artikel 16 der Verordnung zur Neuordnung lebensmittelrechtlicher Vorschriften über Zusatzstoffe vom 29. Januar 1998 (BGBl. I S. 230, 297), wird wie folgt geändert:

1. § 14 Abs. 3 wird aufgehoben.

2. § 17 Abs. 7 wird wie folgt gefaßt:

„(7) Ordnungswidrig im Sinne des § 54 Abs. 1 Nr. 2 des Lebensmittel- und Bedarfsgegenständegesetzes handelt, wer vorsätzlich oder fahrlässig entgegen § 8 Abs. 7 natürliches Mineralwasser, das nicht oder nicht in der vorgeschriebenen Weise mit den dort vorgeschriebenen Angaben gekennzeichnet ist, in den Verkehr bringt."

3. § 21 wird wie folgt geändert:

a)  Satz 1 wird zu Absatz 1.

b)  Es wird folgender Absdatz 2 angefügt:

„(2) Lebensmittel, die den Vorschriften der Lebensmittel-Kennzeichnungsverordnung in der vom … (Einsetzen: Tag des Inkrafttretens der Siebten Verordnung zur Änderung der Lebensmittel-Kennzeichnungsverordnung und anderer lebensmittelrechtlicher Verordnungen) an geltenden Fassung nicht entsprechen, dürfen noch bis zum [31. Dezember 2000] nach den bis zum ... ... (Einsetzen: Tag vor dem Inkrafttreten der Siebten Verordnung zur Änderung der Lebensmittel-Kennzeichnungsverordnung und anderer lebensmittelrechtlicher Verordnungen) geltenden Vorschriften gekennzeichnet und auch nach dem [31. Dezember 2000] noch bis zum Aufbrauchen der Bestände in den Verkehr gebracht werden."

**Artikel 3**

## Neubekanntmachung

Das Bundesministerium für Gesundheit kann die in Artikel 1 und 2 genannten Verordnungen in der vom Inkrafttreten dieser Verordnung an geltenden Fassung im Bundesgesetzblatt bekanntmachen.

**Artikel 4**

## Inkrafttreten

Diese Verordnung tritt am Tage nach der Verkündung in Kraft.


Der Bundesrat hat zugestimmt.


Bonn, den ................. 1999


**Die Bundesministerin für Gesundheit**

## Begründung

### Allgemeiner Teil

Mit dieser Verordnung werden die Richtlinie 97/4/EG des Europäischen Parlaments und des Rates vom 27. Januar 1997 zur Änderung der Richtlinie 79/112/EWG zur Angleichung der Rechtsvorschriften der Mitgliedstaaten über die Etikettierung und Aufmachung von Lebensmitteln sowie die Werbung hierfür (ABl. EG Nr. L 43 S. 21) sowie die ergänzende Kommissions-Richtlinie 1999/10/EG vom 8. März 1999 (ABl. EG Nr. L 69 S. 22) in deutsches Recht umgesetzt. zugleich wird eine Kennzeichnungsbestimmung für Stärke und fleischfremdes Eiweiß in Fleischerzeugnissen aus der Richtlinie 97/76/EG des Rates vom 16. Dezember 1997 zur Änderung der Richtlinien 77/99/EWG und 72/462/EWG in bezug auf die Vorschriften für Hackfleisch/Faschiertes, Fleischzubereitungen und bestimmte andere Erzeugnisse tierischen Ursprungs (ABl. EG 1998 Nr. L 10 S. 25) umgesetzt.

Der Schwerpunkt der Neuregelungen besteht zum einen in einer Erweiterung der Begriffsbestimmung der Verkehrsbezeichnung. In Fällen der gleichen Verkehrsbezeichnung bei voneinander abweichender Zusammensetzung oder Beschaffenheit in einzelnen Mitgliedstaaten kommt es im innergemeinschaftlichen Warenverkehr mit Lebensmitteln vielfach zu Problemen, denen durch die Neuregelung im Lichte der Rechtsprechung des Europäischen Gerichtshofes Rechnung getragen werden soll.

Ferner wird die Verpflichtung zur Angabe der in einem Lebensmittel verwendeten Menge einer Zutat oder Gattung von Zutaten (sog. Quid: Quantitative Ingredients Declaration) gegenüber dem geltenden Recht erweitert. Hiermit wird dem gesteigerten Informationsbedürfnis der Verbraucher über die Zusammensetzung der Lebensmittel entsprochen.

[Dem Bund, den Ländern und Gemeinden entstehen durch die Verordnung keine Kosten. Für die Wirtschaft können zusätzliche Kosten aufgrund der durch erweiterte Kennzeichnungsverpflichtungen erforderlichen Umstellung von Etiketten entstehen. Diesen Kosten wird jedoch durch eine ausreichende Anpassungsfrist entgegengewirkt, so daß mit einer Erhöhung von Einzelpreisen mit Auswirkungen auf das Preisniveau, insbesondere das Verbraucherpreisniveau nicht zu rechnen ist.]

**Besonderer Teil**

**Zu Artikel 1**

Nummer 1:

Die Regelung in § 1 Abs. 3 Nr. 6 wird gestrichen, da die dort genannten Erzeugnisse nicht dem Lebensmittel- und Bedarfsgegenständegesetz und damit nicht der auf dieses Gesetz gestützten Lebensmittel-Kennzeichnungsverordnung unterliegen.

Nummer 2:

Mit Buchstabe a) wird entsprechend der Neuregelung in Artikel 3 Abs. 1 der Lebensmittel-Etikettierungsrichtlinie 79/112/EWG die Verpflichtung zur mengenmäßigen Angabe von Zutaten bzw. von Zutatenklassen eingeführt. Die Einzelheiten ergeben sich aus dem neu gefaßten § 8 (nachfolgend Nummer 5).

Buchstabe b) enthält eine sprachliche Klarstellung (Buchstabe aa).

Mit Buchstabe bb) wird die im Hinblick auf § 3 Abs. 4 Nr. 1 Buchstabe c der Lebensmittel-Kennzeichnungsverordnung überflüssige Regelung der Nummer 2 Buchstabe b im Einklang mit der Etikettierungs-Richtlinie 79/112/EWG aufgehoben.

Zu Nummer 3:

Mit Nummer 3 wird in Umsetzung von Artikel 5 Abs. 1 der Richtlinie 79/112/EWG in der Fassung der Richtlinie 97/4/EG § 4 neu gefaßt.

Im innergemeinschaftlichen Warenverkehr kommt es vielfach zu Problemen, wenn ein Lebensmittel unter einer bestimmten, im Ausfuhrmitgliedstaat verwendeten Verkehrsbezeichnung in einem anderen Mitgliedstaat in den Verkehr gebracht wird, dessen Zusammensetzung den im Einfuhrmitgliedstaat für ein so bezeichnetes Lebensmittel gegebenen Anforderungen nicht entspricht. Im Einklang mit der Rechtsprechung des Europäischen Gerichtshofes zu derartigen Fallgestaltungen sieht Absatz 2 vor, daß die Verkehrsbezeichnung des Ausfuhrmitgliedstaates grundsätzlich auch im Einfuhrmitgliedstaat verwendet werden darf. Ergänzungen der verwendeten Verkehrsbezeichnung um beschreibende Angaben sind vorgeschrieben, wenn anderenfalls der Verbraucher nicht in der Lage wäre, die Art des Lebensmittels zu erkennen und es von verwechselbaren Erzeugnissen zu unterscheiden. Allerdings dürfen solche Ergänzungen nur gefordert werden, wenn auch die übrigen vorgeschriebenen Kennzeichnungselemente, insbesondere das Verzeichnis der Zutaten oder die mengenmäßige Angabe von Zutaten oder Klassen von Zutaten zur ausreichenden Unterrichtung des Verbrauchers nicht genügen.

Einer besonderen Hervorhebung der Verwendung von im Gemeinschaftsrecht vorgesehenen Verkehrsbezeichnungen bedarf es nicht. Soweit Verkehrsbezeichnungen unmittelbar in Rechtsverordnungen der Europäischen Gemeinschaft festgelegt sind, findet die Lebensmittel-Kennzeichnungsverordnung nach § 1 Abs. 3 Nr. 9 keine Anwendung. Soweit sie in gemeinschaftsrechtliche Richtlinien umsetzenden nationalen Rechtsvorschriften geregelt sind, sind derartige Lebensmittel unter einer anderen als der harmonisierten Verkehrsbezeichnung auch in anderen Mitgliedstaaten nicht verkehrsfähig, so daß die sich in Absatz 2 niederschlagenden diesbezüglichen Grundsätze des Artikels 30 des EG-Vertrages nicht einschlägig sind.

Absatz 2 Satz 2 sieht vor, daß die ggfs. erforderlichen beschreibenden Angaben in der Nähe der Verkehrsbezeichnung anzubringen sind.

Absatz 3 regelt den Fall, daß das eingeführte Lebensmittel derart weit von einem in einem Einfuhrmitgliedstaat unter der verwendeten Verkehrsbezeichnung bekannten Lebensmittel abweicht, das selbst bei ergänzenden Angaben im Sinne des Absatzes 2 die Verbraucher nicht hinreichend über die Art und Beschaffenheit des eingeführten Lebensmittels unterrichtet werden. Es handelt sich um die sogenannten „Aliud"-Fälle.

Mit den Absätzen 1 und 4 wird die Vorschrift des § 4 der Lebensmittel-Kennzeichnungsverordnung übernommen.

Zu Nummer 4:

Buchstabe a) trägt dem Informationsbedürfnis Zöliakiekranker Rechnung.

Buchstabe b) enthält eine Präzisierung des § 6 Abs. 6 Nr. 3 der Lebensmittel-Kennzeichnungsverordnung.

Zu Nummer 5:

Der neu gefaßte § 8 enthält entsprechend Artikel 7 der Richtlinie 79/112/EWG in der Fassung der Richtlinie 97/4/EG sowie der hierzu erlassenen ergänzenden Kommissions-Richtlinie 1999/10/EG für alle Lebensmittel, die der Lebensmittel-Kennzeichnungsverordnung unterliegen, die Anforderungen an die mengenmäßige Angabe von Zutaten oder Gattungen von Zutaten, die bei der Herstellung eines Lebensmittels verwendet worden sind. Hiermit wird den gesteigerten Interessen der Verbraucher an Informationen über die Zusammensetzung der Lebensmittel Rechnung getragen. Insbesondere läßt sich aus dem Verzeichnis der Zutaten nicht die in einem Lebensmittel konkret verwendete Menge bestimmter Zutaten entnehmen. Weitere Anhaltungspunkte zur Anwendung des Artikels 7 und damit auch des neu gefaßten § 8 können sich aus den nicht rechtsverbindlichen „Allgemeinen Leitlinien für die Umsetzung des Grundsatzes der mengenmäßigen Angabe der Lebensmittelzutaten (Quid) - Artikel 7 der Richtlinie 79/112/EWG in der Fassung der Richtlinie 97/4/EG" als dem Ausfluß von Erörterungen auf Gemeinschaftsebene ergeben.

Eine Gattung von Zutaten ist gegenüber einer Klasse von Zutaten im Sinne des § 6 Abs. 4 Nr. 1 in Verbindung mit Anlage 1 der Lebensmittel-Kennzeichnungsverordnung ein weitergehender Begriff. Eine Gattung von Zutaten kann mithin auch Zutaten erfassen, die nicht von einer Zutatenklasse nach Anlage 1 erfaßt werden, z. B. Fruchtmischungen. Die Angabe einer derartigen Gattung von Zutaten, die nicht zugleich als Zutatenklasse eingestuft ist, kann im Hinblick auf § 3 Abs. 3 Satz 3 der Lebensmittel-Kennzeichnungsverordnung nicht im Verzeichnis der Zutaten vorgenommen werden.

Absatz 1 führt die Fallgestaltungen auf, in denen künftig grundsätzlich die Mengenkennzeichnung vorgenommen werden muß. Die Angaben, die im Rahmen des Verzeichnisses der Zutaten vorzunehmen sind, sind nicht als Hervorhebung im Sinne der Nummer 3 anzusehen. Gleiches gilt für die Angaben nach § 9 Abs. 1 der Zusatzstoff-Zulassungsverordnung. Wie sich aus § 9 Abs. 8 Nr. 2 der genannten Verordnung ergibt, ist die Kenntlichmachung nach § 9 Abs. 1 bei vorverpackten Lebensmitteln eher ein Ausnahmefall, der dann zum Tragen kommt, wenn ein Verzeichnis der Zutaten nicht angegeben ist. Unter Absatz 1 Nr. 4 fallen beispielsweise Lebensmittel, die mit Marzipan oder Mayonnaise verwechselt werden könnten.

In den Absätzen 2 und 3 werden in Umsetzung des Artikels 7 Abs. 2 und 3 der Richtlinie 79/112/EWG in der Fassung der Richtlinie 97/4/EG sowie der ergänzenden Kommissions-Richtlinie 1999/10/EG die Fallgestaltungen aufgeführt, in denen eine Mengenkennzeichnung entbehrlich ist.

Unter die Ausnahme nach Absatz 2 Nr. 1 Buchstabe d fallen Erzeugnisse wie z. B. Malz-Whisky. Entsprechendes gilt auch für Lebensmittel wie Hefeklößchen oder Roggenbrot.

Die Ausnahme nach Absatz 2 Nr. 2 setzt voraus, daß die Menge der betreffenden Zutat oder Gattungen von Zutaten konkret, d. h. durch eine bestimmte, vorgeschriebene Mengenangabe festgelegt ist.

Nach Absatz 3 Nr. 1 entfällt die Mengenangabe in Umsetzung des Artikels 1 Abs. 1 der Kommissions-Richtlinie 1999/10/EG in den Fällen des § 9 Abs. 2 und 3 der Zusatzstoff-Zulassungsverordnung, nach denen Süßungsmittel in Verbindung mit der Verkehrsbezeichnung anzugeben sind.

Aus Absatz 3 Nr. 2 folgt, daß die Vorschriften nach § 8 durch die Vorschriften der Nährwert-Kennzeichnungsverordnung, abgesehen von den geregelten Ausnahmen, nicht ersetzt werden.

Absatz 4 enthält die Vorschriften, auf welche Weise und an welcher Stelle die Angabe zu erfolgen hat. Grundsätzlich bezieht sich die in Gewichtshundertteilen (Prozentsatz) anzubringende Angabe - ebenso wie bei der Angabe des Verzeichnisses der Zutaten nach § 6 Abs. 1 der Lebensmittel-Kennzeichnungsverordnung - auf den Zeitpunkt der Verwendung der Zutat oder der Gattung von Zutaten bei der Herstellung des Lebensmittels. Sie hat in oder in unmittelbarer Nähe der Verkehrsbezeichnung des Lebensmittels oder im Verzeichnis der Zutaten zu erfolgen. Handelt es sich um Lebensmittel in Fertigpackungen, bei denen ein Verzeichnis der Zutaten nicht angegeben ist, ist nur die Alternative der Angabe in oder in unmittelbarer Nähe der Verkehrsbezeichnung eröffnet.

Die Nummern 1 bis 4 sehen Ausnahmen von den in Satz 1 festgelegten Anforderungen vor, die sich bei der weiteren Erörterungen des neu gefaßten Artikels 7 Abs. 4 mit den beteiligten Wirtschaftskreisen und auf Gemeinschaftsebene als notwendige und sachgerechte Ergänzungen herausgestellt haben und in Artikel 2 der Richtlinie 1999/10/EG aufgenommen worden sind.

Nummer 1 greift die Fallgestaltung auf, daß bei der Herstellung eines Lebensmittels feuchtigkeitshaltige Zutaten verwendet werden und das Lebensmittel im Anschluß durch eine Hitzebehandlung oder durch eine sonstige Behandlung, z. B. Trocknung Feuchtigkeit verliert. Bezöge sich in derartigen Fällen entsprechend der Grundregel die Mengenangabe auf den Zeitpunkt der Verwendung der betreffenden Zutaten bei der Herstellung des Lebensmittels, so ergäbe sich eine für den Verbraucher kaum nachvollziehbare Differenz zwischen der sich auf die Verwendung der feuchtigkeitshaltigen Zutat bei der Herstellung beziehenden Mengenangabe und der im Endprodukt tatsächlich vorhandenen Menge. Andererseits ist eine Bezugnahme auf die im Enderzeugnis nach Hitzebehandlung oder sonstiger Behandlung vorhandene Menge wegen der hiermit verbundenen Berechnungsprobleme nicht mit der für eine konkrete Mengenangabe erforderlichen Genauigkeit durchführbar.

Zur Durchführbarkeit der Mengenangabe auch in den betroffenen Fallgestaltungen sieht die künftige Regelung nunmehr im Einklang mit Artikel 2 Buchstabe a der Richtlinie 1999/10/EG vor, daß die bei der Herstellung eines Lebensmittels verwendete und konkret bekannte Zutatenmenge bezogen auf das Enderzeugnis anzugeben ist. Hiernach wird die Zutat, einschließlich ihres Feuchtigkeitsgehaltes anteilmäßig am Enderzeugnis berechnet. Diese Problematik ist beispielsweise bei Fleischerzeugnissen bislang durch die Kennzeichnungsregelung des § 3 Abs. 2 Satz 2 der Fleischverordnung geregelt worden.

Wegen des konkret eingetretenen Feuchtigkeitsverlustes kann dieser Berechnungsansatz zu Mengenangaben in der Etikettierung von über 100 % führen. Um in derartigen Fällen eine für den Verbraucher verständliche Kennzeichnung sicherzustellen, sieht die Vorschrift vor, daß die Bezugsgröße 100 Gramm der jeweils bei der Herstellung verwendeten Zutaten ist. Dies gilt auch, wenn die Angabe der Gesamtmenge der betreffenden Zutaten 100 % übersteigt.

Die Nummern 2 bis 4 schaffen einen sachgerechten Abgleich zu den Ausnahmeregelungen des § 6 Abs. 2 Nr. 1, 2 und 4 der Lebensmittel-Kennzeichnungsverordnung.

Nach Satz 4 gelten die Sonderregelungen nach Satz 3 Nr. 1 bis 4 entsprechend für Gattungen von Zutaten.

Zu Nummer 6 bis 8:

Der neue Absatz 1 des § 10 sieht die bislang fehlende Strafbewehrung in Fällen des § 7 a Abs. 4 der Lebensmittel-Kennzeichnungsverordnung vor.

Im übrigen Folgeänderungen zu Nummer 5.

Zu Nummer 9:

Die Neufassung von § 10 a Abs. 2 sieht die erforderlichen Übergangsvorschriften vor. Die übrigen Änderungen enthalten redaktionelle Anpassungen.

**Zu Artikel 2:**

Artikel 2 enthält Folgeänderungen zu der Neufassung von § 8 Lebensmittel-Kennzeichnungsverordnung (Artikel 1 Nr. 5) sowie redaktionelle Anpassungen.

Die Neufassung des § 3 Abs. 2 a der Fleischverordnung dient der Umsetzung von Artikel 1 Nr. 8 der Richtlinie 97/76/EG. Die bei Verwendung von Stärke oder von pflanzlichem oder tierischem Eiweiß in Fleisch oder Fleischerzeugnissen erforderliche Angabe dieser Stoffe in Verbindung mit der Verkehrsbezeichnung ist auf Fertigpackungen nur noch erforderlich, wenn die Verwendung dieser Stoffe zu anderen als technologischen Zwecken erfolgt. Die Angabe in Verbindung mit der Verkehrsbezeichnung führt zur Mengenangabe nach Maßgabe des § 8 der Lebensmittel-Kennzeichnungsverordnung.

Die in Anlage 1 Nr. 7 bis 10 der Konfitürenverordnung (Artikel 2 Abs. 6) aufgeführten Erzeugnisse sind ergänzend zu den in der Richtlinie 79/693/EWG über Konfitüren,

Gelees, Marmeladen und Maronencreme vom 24. Juli 1979 (ABl. EG Nr. L 205 S. 5) aufgeführten Erzeugnisse geregelt worden. Dementsprechend wird in einer Ergänzung des § 3 Abs. 2 klargestellt, daß bei diesen Erzeugnissen die Angabe der verwendeten Zutaten nach Maßgabe des § 8 der Lebensmittel-Kennzeichnungsverordnung zu erfolgen hat (Artikel 2 Abs. 6 Nr. 1 Buchst. c). Artikel 2 Abs. 1 Nr. 1 enthält eine redaktionelle Anpassung.

**Artikel 3** sieht eine Neubekanntmachungserlaubnis für das Bundesministerium für Gesundheit vor.

**Artikel 4** regelt das Inkrafttreten der Verordnung.

# Sachwortverzeichnis